Internet 应用
5日通 题库版（双色）

全国专业技术人员计算机应用能力考试专家委员会　编著

全国专业技术人员计算机应用能力考试指导中心　监制

主　编：王晓东

编委会：文　敏　王喜军　刘　波　孙　振　张　爽　李　洋
　　　　李倩倩　杨先峰　尚延萍　郑学文　詹永刚

U0121928

电子工业出版社

Publishing House of Electronics Industry

北京·BEIJING

内 容 简 介

本书以我国人力资源和社会保障部人事考试中心颁布的最新版《全国专业技术人员计算机应用能力考试考试大纲》为依据，在多年研究该考试命题特点及解题规律的基础上编写而成。本书共 9 章，为考生提供全面的复习、应试策略。根据 Internet 应用科目的考试大纲要求，分类归纳了 9 个方面的内容，主要包括 Internet 接入，局域网应用，IE 浏览器的使用，Outlook Express 的使用，FTP 客户端软件的使用，Internet 即时通信工具的使用，Windows 安全设置，杀毒软件的使用及防火墙的使用。在讲解各章节前均对该章内容进行考点分析，并在各小节结束后提供模拟练习题，供考生上机自测练习。

本书配套的模拟考试光盘不仅提供上机考试模拟环境及 13 套试题（共 500 道题），还提供实战教程、专项练习、5 日学习法和错题必纠等内容，供考生复习时使用。本书适合报考全国专业技术人员计算机应用能力考试《Internet 应用》科目的考生使用，也可作为大中专院校相关专业的教学辅导书或各类相关培训班的教材。

图书在版编目（CIP）数据

Internet 应用 5 日通题库版：双色 / 全国专业技术人员计算机应用能力考试专家委员会编著. —北京：电子工业出版社，2011.6

全国专业技术人员计算机应用能力考试专用教材

ISBN 978-7-121-13649-8

Ⅰ.①I… Ⅱ.①全… Ⅲ.①互联网络 – 资格考试 – 习题集 Ⅳ.①TP393.4-44

中国版本图书馆 CIP 数据核字（2011）第 100322 号

责任编辑：胡辛征
印　　刷：沈阳美程在线印刷有限公司
装　　订：
出版发行：电子工业出版社
　　　　　北京市海淀区万寿路 173 信箱　　邮编：100036
开　　本：787×1092　1/16　　印张：15　　字数：347 千字
印　　次：2011 年 6 月第 1 次印刷
定　　价：89.00 元（含光盘 1 张）

前　言

为了适应国家加快信息化建设的要求，提高计算机应用水平及信息资源利用，更好地为各类专业技术人员提供科学评价服务。根据《关于全国专业技术人员计算机应用能力考试科目更新有关问题的通知》（人社厅发[2010]19 号）精神，从 2010 年 7 月 1 日起，全国专业技术人员计算机应用能力考试科目由 25 个调整为 22 个，详情如下：

- ● **停用 6 个考试科目**

  《中文 Windows 98 操作系统》

  《Word 97 中文字处理》

  《Excel 97 中文电子表格》

  《PowerPoint 97 中文演示文稿》

  《计算机网络应用基础》

  《AutoCAD(R14)制图软件》

- ● **新增 3 个考试科目**

  《Photoshop CS4 图像处理》

  《FrontPage 2003 网页设计与制作》

  《用友（T3）会计信息化软件》

- ● **升级和题库更新 5 个考试科目**

  《中文 Windows XP 操作系统》

  《Word 2003 中文字处理》

  《Excel 2003 中文电子表格》

  《PowerPoint 2003 中文演示文稿》

  《Internet 应用》

为了使广大专业技术人员在较短时间内熟悉、适应考试环境，掌握考试内容和应试方法，有效解决备考过程中出现的实际问题。依据最新全国专业技术人员计算机应用能力考试大纲，添知赢教育编写（开发）了本系列丛书及配套智能考试培训软件。本套丛书具有以下 5 个特点，使广大考生能"最简单快捷、最省时省力"地通过考试、掌握计算机知识，提高计算机应用能力。

1. 紧扣考试大纲，明确考试要点

本章考点：根据教育部最新大纲编写，使读者更准确地把握考题的方向。

考点级别：根据大纲总结出考点出现的级别、概率。

考点分析：分析历年考题，把握出题点。

真题解析：精选数百道历年的常考试题，覆盖全面，命题思路明确，易于读者深刻理解相关知识点及其实际应用，并配有精确单步提示和大量图解，以图片展示实际操作的每一步，不必担心零基础的问题。

2. 融入典型实用技巧

操作提示：向考生提示题目操作过程中的易出错点。

触类旁通：考点相关的出题点，触类旁通的同时又环环相扣。

3. 视角独特，实用性强

操作方式：以每一个小节为单位提炼出考题的操作方式供读者预习、归纳，清晰明了。

本章操作方式一览表：提炼出本章每一小节的常考操作方式供读者复习总结，一览无余。

4. 采取"理论 + 实例 + 操作"学习模式

知识量高度浓缩，我们在编写本套丛书时尽量弱化理论，避开枯燥的纯文字讲解，而将其融汇到实例与操作中，采取"理论 + 实例 + 操作"的模式学习。但是，适当的理论学习是必不可少的，只有这样，考生才能具备触类旁通的能力。其中，在讲解操作的时候方法全面，增大考生通过考试的几率。

5. 配套智能考试培训软件

本丛书配套的智能考试培训软件，帮助考生提前熟悉上机考试环境及方式，可供考生复习时使用，进一步突破考试中的重点难点，在考试时做到胸有成竹。

衷心祝愿大家在考试中取得好成绩。同时，对于书中出现的疏忽及不足之处，恳请业界专家、学者和使用本书的读者批评、指正。

全国专业技术人员计算机应用能力考试专家委员会　编著
全国专业技术人员计算机应用能力考试指导中心　监制
2011 年 6 月

考 试 大 纲

第 1 章 Internet 的接入方式

一、内容提要

Internet 的接人方式主要有：电话网接入和局域网接入。

二、考试基本要求

（一）掌握的内容

掌握 TCP／IP 协议的安装过程、TCP／IP 协议的属性设置；掌握创建拨号连接的方法，能够熟练设置拨号连接属性、启动拨号连接；掌握 DHCP 协议和设置、DNS 服务的设置方法。

（二）熟悉的内容

熟悉调制解调器的设置和网络适配器的安装步骤。

（三）了解的内容

了解调制解调器驱动程序的安装过程。

第 2 章 局域网应用

一、内容提要

计算机局域网是目前应用较广泛的一种网络。

二、考试基本要求

（一）掌握的内容

能在局域网上熟练使用网络共享的资源，熟练掌握访问共享文件夹的方法；掌握共享文件夹共享权限、本地权限的作用和设置方法；熟练掌握查找网上计算机和共享文件资源；掌握网络打印机的安装、设置和使用。

（二）熟悉的内容

熟悉网络驱动器的设置和使用。

（三）了解的内容

了解用户与组的管理，主要指用户账号和组的创建与管理。

第 3 章 IE 浏览器的使用

一、内容提要

浏览器是用户在 Internet 上进行网页浏览、信息查询、资源检索的重要工具。考试使用的 IE 版本是 6.0，本书以此为例介绍浏览器的使用。

二、考试基本要求

（一）掌握的内容

掌握 IE 浏览器浏览、查询和检索的方法；在当前页面查找信息的方法；能够保存、打印指定的网页和图片；能够熟练设置 IE 的常规选项；掌握收藏夹的使用与整理方法；历史记录的设定；Internet 选项中连接的设置；掌握利用 Google 和百度搜索引擎、地址栏等搜索网上资源的方法。

（二）熟悉的内容

熟悉 Web 页的超媒体结构，统一资源定位器 URL；并且会查看用不同语言编写的网页。

（三）了解的内容

了解利用 IE 使用 FTP 资源的方法；了解 IE 中 Internet 选项中的不同站点安全等级、分级审查程序和 Internet 程序的设置；收藏夹的导入和导出；了解如何更改工具栏的外观、网页的字体与背景颜色以及如何加快网页的显示速度等有关设置和配置。

第 4 章　Outlook Express 的使用

一、内容提要

电子邮件是一种在 Internet 上广泛使用的信息传递服务。考试使用的是 Outlook Express6.0。

二、考试基本要求

（一）掌握的内容

掌握 Outlook Express 的启动方法；Outlook Express 常规选项的设置、阅读、撰写和发送等选项的设置；电子邮件账号管理；运用邮件规则对邮件进行管理；电子邮件的导入与导出；接收、查看和保存电子邮件，撰写和发送新邮件，为电子邮件添加附件和签名，答复电子邮件以及对邮件进行复制、移动、删除和恢复；邮件文件夹的管理；使用通讯簿添加联系人和组的方法等。

（二）熟悉的内容

熟悉改变 Outlook Express 窗口布局；电子邮件的转发与群发；草稿的保存和续写；邮件文字大小与编码的设置；从通讯簿中选择收件人的方法；对邮件的安全和拼写检查等选项的设置；HTML 邮件的制作方法。

（三）了解的内容

了解如何设置电子邮件的预览窗格和邮件视图的显示方式；Outlook Express 回执选项和维护选项的设置方法，通讯簿的导入和导出，以及电子邮件和联系人的查找。

第 5 章　FTP 客户端软件的使用

一、内容提要

FTP 客户端软件是在 Internet 上进行文件传输时常用的工具之一，利用这种工具可以方便地进行文件的上传和下载。考试中使用的是 CuteFTP 5.0 中文版。

二、考试基本要求

（一）掌握的内容

掌握 FTP 协议的概念和文件传输中用到的常用术语；使用 FTP 客户端软件上传和下载文件和文件夹；管理本机和 FTP 站点上的文件和文件夹；FTP 客户端软件中工具栏和快速连接栏的设置与使用。

（二）熟悉的内容

熟悉连接和断开 FTP 站点；FTP 站点的管理；文件的管理。

（三）了解的内容

了解常用相关属性的设置，以及菜单选项的简单设置。

第 6 章　Internet 即时通信工具的使用

一、内容提要

MSN 是在 Windows 操作系统上常用的一种即时通信软件。本考试使用的是 MSN 6.2。

二、考试基本要求

（一）掌握的内容

掌握利用 MSN 进行消息的传递；使用语音和视频进行聊天及其相关设置；设置用户的状态；设置收发消息；设置两用户对话与多用户会话；查找和添加联系人。

（二）熟悉的内容

熟悉下载、安装和设置 MSN；成为合法的 MSN 用户；MSN 其余参数的设置，以及利用 MSN 传送文件和邮件；并且熟悉利用 MSN 在用户之间进行文件共享。

（三）了解的内容

了解 MSN 的隐私设置。

第 7 章　Windows 安全设置

一、内容提要

Windows 安全中心和本地安全策略是 Windows 操作系统上确保系统和上网安全的工具。

二、考试基本要求

（一）掌握的内容

掌握：Internet 安全选项和 Windows 防火墙的设置。

（二）熟悉的内容

熟悉自动更新的设置与使用。

（三）了解的内容

了解密码策略和账户锁定策略的设置。

第 8 章　杀毒软件的使用

一、内容提要

杀毒软件是常用的信息安全工具，正确地使用杀毒软件可以有效查杀和防治各种病毒、木马及有效拦截恶意行为、有效监控垃圾邮件等，保护用户重要数据，确保系统的安全。考试使用的是金山毒霸 2008（含金山清理专家）。

二、考试基本要求

（一）掌握的内容

金山毒霸：掌握手动杀毒、右键杀毒、在线杀毒及手动查杀的操作方法。掌握文件实时防毒、高级防御、邮件监控、网页防挂马、升级及主动漏洞修补的综合设置。掌握邮件监控的设置方法。

金山清理专家：掌握为系统打分，得出系统的健康指数。掌握扫描并修补系统软件的安全漏洞。掌握安全百宝箱内文件粉碎器、垃圾文件清理和历史痕迹清理三个安全工具的使用方法。

（二）熟悉的内容

金山毒霸：熟悉应急 U 盘的创建方法、可疑文件扫描及病毒隔离系统的应用方法。熟悉监控的设置方法。

金山清理专家：熟悉恶意软件查杀的方法。熟悉安全百宝箱内 U 盘病毒免疫工具的使用方法。

（三）了解的内容

金山毒霸：了解屏保杀毒和毒霸精灵的操作方法。了解日志查看器的操作方法。了解嵌入式防毒设置、隐私保护设置及其他设置的操作方法。了解使用邮件监控的设置方法。

金山清理专家：了解在线系统诊断的操作方法。

第 9 章　防火墙的使用

一、内容提要

防火墙是为解决网络上黑客攻击问题而研制的信息安全产品，能有效地监控任何网络连接，保护系统不受外部攻击。考试使用的是金山网镖 2008 软件防火墙。

二、考试基本要求

（一）掌握的内容

掌握监控状态下的安全级别设置。掌握综合设置中的常规设置、木马防火墙设置、区域级别设置的操作方法。

（二）熟悉的内容

熟悉查看应用程序规则与更改应用程序规则的方法，以及规则列表的管理，包括添加、删除或清空规则列表。

（三）了解的内容

了解安全状态的查看方法，包括当前网络活动状态和网络活动日志的查看方法。了解查看当前网络状态及打开程序所在目录、结束可疑进程的操作方法。了解自定义 IP 规则编辑器的开启方法（即监控状态中的详细设置）及自定义 IP 规则编辑器的使用。

了解端口过滤设置（即综合设置—高级）的开启方法及操作应用。

目 录

第1章 接入 Internet

本章考点

掌握的内容★★★
  创建拨号连接的方法
  设置拨号连接属性
  启动拨号连接
  安装 TCP/IP
  设置 TCP/IP 的属性
  DHCP 设置

  DNS 服务器的设置
熟悉的内容★★
  安装调制解调器
  安装网络适配器
了解的内容★
  安装调制解调器驱动程序

1.1 安装调制解调器和网络适配器

1.1.1 安装调制解调器驱动程序

考点级别：★

考试分析：

　　该知识点考核的概率较小，但也有出考题的可能性。由于该知识点的步骤比较多，考试时有可能从关键步骤开始操作。

操作方式

方式	菜单	鼠标左键	右键菜单	快捷键	其他方式
类别	【开始】→【控制面板】→【打印机和其它硬件】→【电话和调制解调器选项】				

真 题 解 析

◇**题　　目：**在当前界面上，通过控制面板中"电话和调制解调器选项"安装调制解调器的驱动程序，安装过程中不让系统自动检测调制解调器，调制解调器的型号为"标准56000bps 调制解调器"，并选择"COM1"端口，其余默认。

◇**考查意图：**该题考核如何安装调制解调器的驱动程序。

◇**操作方法：**

1 单击 开始 按钮，在弹出的"开始"菜单中选择【控制面板】菜单命令。打开"控制面板"窗口，单击"打印机和其它硬件"超链接，如图 1-1 和图 1-2 所示。

图 1-1 "开始"菜单 图 1-2 单击"打印机和其它硬件"超链接

2 在弹出的窗口中单击"电话和调制解调器选项"超链接，将打开"电话和调制解调器选项"对话框，如图 1-3 所示。

3 在打开的"位置信息"对话框中按提示选择自己所在的国家或地区，输入自己所在城市的区号与拨外线时要拨打的号码，并在"本地电话系统使用"中选择拨号方式。现在一般都使用音频电话，所以选择"音频拨号"单选框，单击 确定 按钮，如图 1-4 所示。

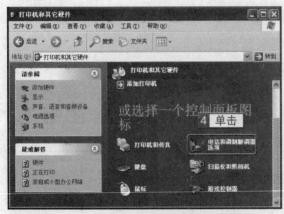

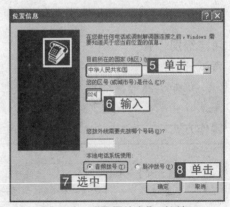

图 1-3 单击"电话和调制解调器"超链接 图 1-4 "位置信息"对话框

4 在打开"电话和调制解调器选项"对话框中单击"调制解调器"选项卡，单击 添加(D)... 按钮，打开添加"硬件添加向导"对话框，如图 1-5 所示。

5 选中"不要检测我的调制解调器；我将从列表中选择"复选框，单击 下一步(N) > 按钮，打开"安装新调制解调器"的选择制造商和型号对话框，如图 1-6 所示。

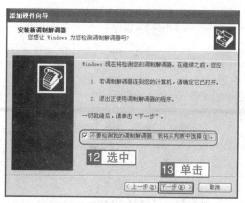

图 1-5　"调制解调器选项"对话框　　　　图 1-6　"添加硬件向导"对话框

6 选择"标准 56000bps 调制解调器",单击 下一步(N)> 按钮,如图 1-7 所示。

7 在"安装新调制解调器"的端口对话框中,选中"选定的端口"单选框,然后在下面的列表框中选择"COM1"端口,单击 下一步(N)> 按钮,如图 1-8 所示。

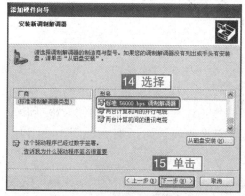

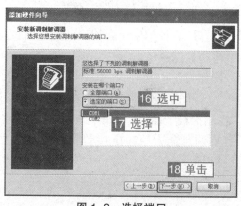

图 1-7　选择调制解调器型号　　　　　　图 1-8　选择端口

8 系统自动安装选择的驱动程序,安装完毕,单击 完成 按钮返回"电话和调制解调器选项"对话框,单击 确定 按钮完成 Modem 驱动程序的安装,如图 1-9 所示。

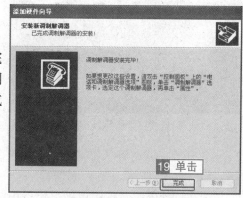

图 1-9　安装完成

1.1.2 设置调制解调器

考点级别： ★★
考试分析：

　　该考点比较容易出考题，通常直接要求考生设置调制解调器的某个属性，只需选择要设置的调制解调器后，单击 属性(P) 按钮，然后在打开的对话框中根据要求进行相关设置即可。

操作方式

方式	菜单	鼠标左键	右键菜单	快捷键	其他方式
类别	【开始】→【控制面板】→【打印机和其它硬件】→【电话和调制解调器选项】→【调制解调器选项卡】→【属性】				

真 题 解 析

◇**题 目 1：**停用正在使用的调制解调器。
◇**考查意图：**该题考核如何停用调制解调器。
◇**操作方法：**

　　1 单击 开始 按钮，在弹出的"开始"菜单中选择【控制面板】菜单命令。打开"控制面板"窗口，单击"打印机和其它硬件"超链接，在弹出的窗口中单击"电话和调制解调器选项"超链接，将打开"电话和调制解调器选项"对话框，如图1-10和图1-11所示。

图1-10　单击"打印机和其它硬件"超链接

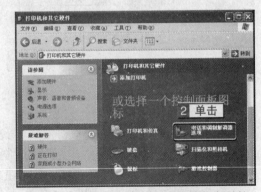

图1-11　单击"电话和调制解调器"超链接

　　2 单击"调制解调器"选项卡，选择已安装好的调制解调器，单击 属性(P) 按钮，如图1-12所示。

　　3 在打开的对话框中单击"设备用法"下拉列表框右侧的 按钮，选择"不要使用这个设备（停用）"选项，单击 确定 按钮，就可以停用调制解调器，如图1-13所示。

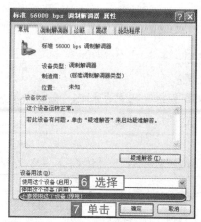

图 1-12　"调制解调器选项"对话框　　　图 1-13　"调制解调器属性"对话框

◇**题 目 2**：将调制解调器的扬声器的音量关闭，并设置调制解调器的最大端口速度为 57600。

◇**考查意图**：该题考核调制解调器的相关设置。

◇**操作方法**：

1 通过"控制面板"窗口打开"电话和调制解调器选项"对话框，单击"调制解调器"选项卡，选择已经安装好的调制解调器，单击 属性(P) 按钮，如图 1-14 所示。

2 在打开的"调制解调器属性"对话框中，单击"调制解调器"选项卡，用鼠标拖动"扬声器音量"栏中的滑块到最左侧即可，如图 1-15 所示。

3 在"最大端口速度"下拉列表框中选择"57600"选项，单击 确定 按钮，如图 1-15 所示。

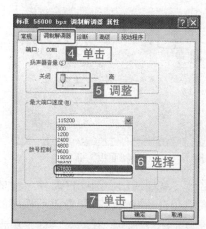

图 1-14　"调制解调器选项"对话框　　　图 1-15　"调制解调器属性"对话框

1.1.3 安装网络适配器

考点级别： ★★

考试分析：

该考点考核概率非常低，在考试中出考题的可能性不大。

操作方式

方式	菜单	鼠标左键	右键菜单	快捷键	其他方式
类别	【控制面板】→【打印机和其它硬件】→【添加硬件】				

真 题 解 析

◇**题　　目：** 通过"控制面板"窗口安装网络适配器驱动程序。

◇**考查意图：** 该题考核如何通过控制面板安装网络适配器驱动程序。

◇**操作方法：**

1 打开"控制面板"窗口，单击左侧任务窗格中的"切换到经典视图"超链接，如图 1-16 所示。

2 切换到"控制面板"窗口的经典视图，双击"添加硬件"程序图标，如图 1-17 所示。

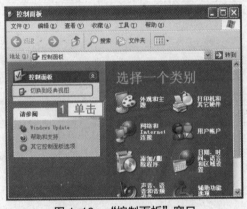

图 1-16　"控制面板"窗口　　　　图 1-17　"添加硬件"窗口

3 打开"欢迎使用添加硬件向导"对话框，单击 下一步(N) > 按钮，如图 1-18 所示。

4 系统会自动搜索没有配置驱动程序的硬件，识别出硬件后并为其安装驱动程序。

5 安装完成后，在打开的对话框中单击 完成 按钮，如图 1-19 所示。

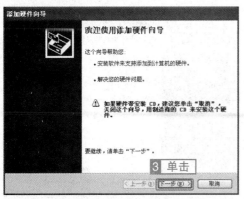

图 1-18　"欢迎使用添加硬件向导"对话框

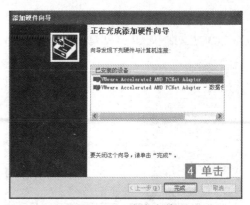

图 1-19　完成安装

1.2　建立拨号连接

1.2.1　创建拨号连接的方法

考点级别：★★★

考试分析：

　　该考点考核概率较高，考试的时候考题通常会提供拨号的电话号码、用户名和密码，需要考生按要求正确输入，并创建拨号连接。

操作方式

方式	菜单	鼠标左键	右键菜单	快捷键	其他方式
类别	【开始】→【控制面板】→【网络和 Internet 连接】→【网络连接】				

真 题 解 析

◇**题　　目：**从当前界面上的网络任务栏开始，打开"新建连向导"，通过 Modem 连接到 Internet，将连接名称设置为：Link2，拨打的电话为：16900，用户名和密码均为：16900，创建过程中设置一个桌面到此连接的快捷方式，其余选项均为默认设置。

◇**考查意图：**该题考核如何创建拨号连接。

◇**操作方法：**

　　1 在当前界面左侧的任务窗格中单击"创建一个新的连接"超链接，打开新建连接向导，如图 1-20 和图 1-21 所示。

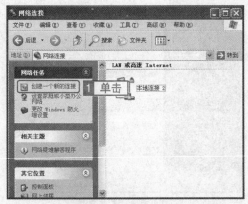

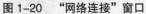

图 1-20　"网络连接"窗口

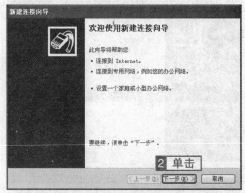

图 1-21　"新建连接向导"对话框

2 单击 下一步(N) > 按钮，在打开的"网络链接类型"对话框中选中"连接到 Inernet"单选项，然后单击 下一步(N) > 按钮，如图 1-22 所示。

3 打开"准备好"对话框，选中"手动设置我的连接"单选项，单击 下一步(N) > 按钮，如图 1-23 所示。

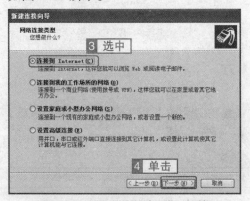

图 1-22　"网络连接类型"对话框

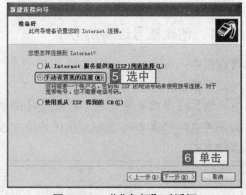

图 1-23　"准备好"对话框

4 打开"Internet 连接"对话框，选中"用拨号调制解调器连接"单选项，单击 下一步(N) > 按钮，如图 1-24 所示。

5 打开"连接名"对话框，在"ISP 名称"文本框中输入"Link2"，单击 下一步(N) > 按钮，如图 1-25 所示。

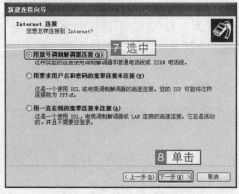

图 1-24　"Internet 连接"对话框

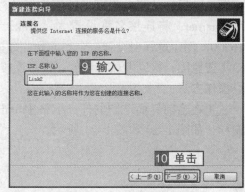

图 1-25　"连接名"对话框

6 打开"要拨的电话号码"对话框,在"电话号码"文本框中输入"16900",单击 下一步(N) > 按钮,如图 1-26 所示。

7 打开"Internet 帐户信息"对话框,在用户名和密码的文本框中都输入"16900",单击 下一步(N) > 按钮,如图 1-27 所示。

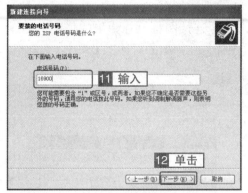

图 1-26 "要拨的电话号码"对话框

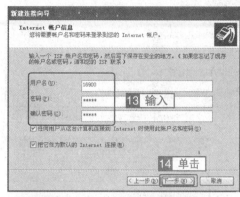

图 1-27 "Internet 帐户信息"对话框

8 打开"正在完成新建向导"对话框,选中"在我的桌面上添加一个到此连接的快捷方式"复选框,单击 完成 按钮,完成拨号连接的建立,如图 1-28 所示。

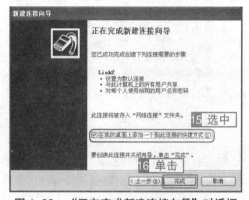

图 1-28 "正在完成新建连接向导"对话框

1.2.2 设置拨号连接属性

考点级别: ★ ★ ★

考试分析:

该考点考核概率非常高,由于可考内容很多,几乎每次都出考题。这类试题只需打开拨号连接的属性对话框,单击相应的选项卡再根据题目具体要求进行设置即可。

操作方式

方式	菜单	鼠标左键	右键菜单	快捷键	其他方式
类别	【开始】 → 【控制面板】 → 【网络和 Internet 连接】 → 【网络连接】				

真 题 解 析

◇**题 目 1**：设置拨号连接，连接后在右下角的任务栏通知区域显示连接图标。

◇**考查意图**：该题考核如何在任务栏通知区域显示连接图标。

◇**操作方法**：

1 在"网络连接"窗口中，用鼠标右键单击拨号连接图标，在弹出的菜单中选择【属性】菜单命令（或者直接用鼠标左键双击连接图标，在弹出的对话框中单击 属性(0) 按钮），如图 1-29 所示。

2 打开该连接的属性对话框，在"常规"选项卡中选中"连接后在通知区域显示图标"复选框，单击 确定 按钮，如图 1-30 所示。

图 1-29　"网络连接"窗口

图 1-30　"常规"选项卡

◇**题 目 2**：在 Link2 拨号连接的属性窗口界面中，完成设置：重播次数为 4 次，重播时间间隔为 30 秒，如果系统空闲 20 分钟，自动挂断拨号连接。

◇**考查意图**：该题考核对重拨选项的相关设置。

◇**操作方法**：

1 在"网络连接"窗口中，用鼠标右键单击拨号连接图标，在弹出的菜单中选择【属性】菜单命令（或者直接用鼠标左键双击连接图标，在弹出的对话框单击 属性(0) 按钮），如图 1-31 所示。

2 在打开的连接属性对话框中，单击"选项"选项卡，在"重播次数"数值框中单击右侧的微调按钮，设置为"4"，如图 1-32 所示。

3 用鼠标单击"重播间隔"下拉列表框右侧的按钮，在弹出的列表中选择"30 秒"选项，如图 1-32 所示。

4 用鼠标单击"挂断前的空闲时间"下拉列表框右侧的按钮，在弹出的列表中选择"20 分钟"，单击 确定 按钮，如图 1-32 所示。

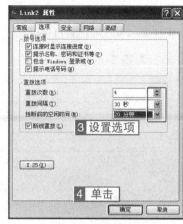

图 1-31　"网络连接"窗口　　　　　　　图 1-32　"选项"选项卡

◇**题　目　3**：从当前状态设置拨号连接的安全属性为"典型"的安全选项，验证我的身份为需要有安全措施的密码，在登录时自动使用我的登录名和密码。

◇**考查意图**：该题考核安全选项的相关设置。

◇**操作方法**：

1 在"网络连接"窗口中，用鼠标右键单击拨号连接图标，在弹出的菜单中选择【属性】菜单命令（或者直接用鼠标左键双击连接图标，在弹出的对话框单击 属性(0) 按钮），如图 1-33 所示。

2 在打开的连接属性对话框中，单击"安全"选项卡，在"安全选项"栏中选中"典型"单选框，如图 1-34 所示。

3 用鼠标单击"验证我的身分为"下拉列表框右侧的 按钮，在弹出的列表框中选择"需要有安全措施的密码"选项，如图 1-34 所示。

4 选中"自动使用我的 Windows 登录名和密码（及域，如果有的话）"，单击 确定 按钮，如图 1-34 所示。

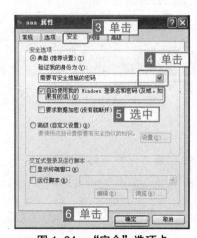

图 1-33　"网络连接"窗口　　　　　　　图 1-34　"安全"选项卡

1.2.3 启动拨号连接

考点级别：★★★

考试分析：

该考点的考核概率较高，通常打开拨号连接对话框的方法有多种，在没有具体指定哪种方法时，应选择最简单的操作方法。

操作方式

方式	菜单	鼠标左键	右键菜单	快捷键	其他方式
类别					桌面双击拨号连接图标

真 题 解 析

◇**题　　目**：启动一个已经设置好的拨号连接。

◇**考查意图**：该题考核如何启动拨号连接。

◇**操作方法**：

1 双击桌面上创建的拨号连接图标，打开拨号连接对话框，如图 1–35 所示。

2 在"用户名"和"密码"文本框中输入对应的内容，单击 拨号(D) 按钮，如图 1–36 所示。

图 1–35　桌面

图 1–36　"拨号连接"对话框

3 打开"正在连接"对话框，连接成功后系统将自动关闭该对话框，如图 1–37 所示。

图 1–37　"正在连接"对话框

触类旁通

打开拨号对话框的方法有如下几种，考试时尽量选择简单的方法。

◎利用桌面快捷图标拨号：双击桌面上创建的拨号连接图标。

◎利用右键菜单拨号：在桌面上的拨号连接图标上单击鼠标右键，在弹出的快捷菜单中选择【连接】菜单命令。

◎利用"网络邻居"图标拨号：在桌面上的"网络邻居"图标上单击鼠标右键，在弹出的快捷菜单中选择【属性】命令，然后在打开的"网络连接"窗口中双击建立的拨号连接图标。

◎利用"开始"菜单拨号：选择【开始】→【连接到】菜单命令，在弹出的子菜单中选择创建的拨号连接。

1.3　设置 TCP/IP

1.3.1　安装和设置 TCP/IP

考点级别：★★★

考试分析：

该考点考核概率较低，因为 TCP/IP 通常都自动安装到计算机中，但也有考核的可能性。

操作方式

方式	菜单	鼠标左键	右键菜单	快捷键	其他方式
类别	【开始】→【控制面板】→ 【网络和 Internet 连接】→【网络连接】				

真 题 解 析

◇**题　　目：**为"Link2"拨号连接安装 TCP/IP 协议。

◇**考查意图：**该题考核如何为拨号连接安装 TCP/IP 协议。

◇**操作方法：**

1 在打开的"网络连接"窗口中，用鼠标右键单击"Link2"拨号连接，在弹出的快捷菜单中选择【属性】菜单命令，打开其属性对话框，如图 1–38 所示。

2 单击"网络"选项卡，在其中单击 [安装(N)…] 按钮，打开"选择网络组件类型"对话框，如图 1–39 所示。

图 1-38 "网络连接"窗口

图 1-39 "网络"选项卡

3 在"单击要安装的网络组件类型"列表框中选择"协议"选项，单击 添加(A) 按钮，打开"选择网络协议"对话框，如图 1-40 所示。

4 在"网络协议"列表框中选择"Internet 协议（TCP/IP）"选项，单击 确定 按钮，如图 1-41 所示。

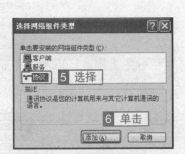
图 1-40 "选择网络组件类型"对话框

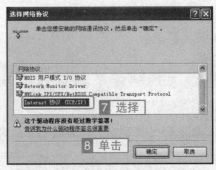
图 1-41 "选择网络协议"对话框

1.3.2 设置 TCP/IP 属性

考点级别： ★★★

考试分析：

> 该考点的考核概率较高，特别是设置 IP 地址，属于考查重点。

操作方式

方式	菜单	鼠标左键	右键菜单	快捷键	其他方式
类别	【开始】→【控制面板】→ 【网络和 Internet 连接】→【网络连接】				

◇**题 目 1：** 设定本地 IP 地址为：192.168.0.158；子网掩码为：255.255.255.0；默认网

关为：192.168.0.1。

◇**考查意图**：该题考核 TCP/IP 属性相关设置。

◇**操作方法**：

1 打开"本地连接属性"对话框，选择"Internet 协议（TCP/IP）"复选框，然后单击 属性(R) 按钮，打开"Internet 协议（TCP/IP）属性"对话框，如图 1-42 所示。

2 选中"使用下面的 IP 地址"单选框，在"IP 地址"文本框中输入"192.168.0.158"；在"子网掩码"文本框中单击，系统自动输入"255.255.255.0"；在"默认网关"文本框中输入"192.168.0.1"，单击 确定 按钮，如图 1-43 所示。

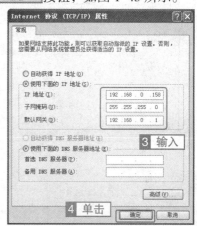

图 1-42　"本地连接属性"对话框　　　　图 1-43　"Internet 协议（TCP/IP）属性"对话框

◇**题 目 2**：通过 TCP/IP 筛选，只打开本主机的 TCP 端口 80，其他保存默认设置。

◇**考查意图**：该题目考查 TCP/IP 筛选的设置。

◇**操作方法**：

1 打开"本地连接属性"对话框，选中"Internet 协议（TCP/IP）"复选框，然后单击 属性(R) 按钮，打开"Internet 协议（TCP/IP）属性"对话框，如图 1-44 和 1-45 所示。

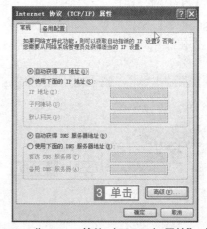

图 1-44　"本地连接属性"对话框　　　　图 1-45　"Internet 协议（TCP/IP）属性"对话框

2 单击 高级(V)... 按钮，打开"高级 TCP/IP 设置"对话框。

3 单击"选项"选项卡，选择其中的"TCP/IP 筛选"选项，单击 属性(P) 按钮，打开"TCP/IP 筛选"对话框，如图 1-46 所示。

选中"TCP 端口"上方的"只允许"单选框，单击 添加... 按钮，如图 1-47 所示。

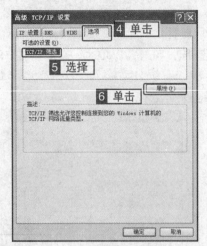

图 1-46   "选项"选项卡

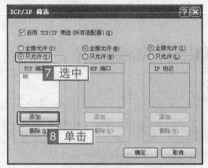

图 1-47   "TCP/IP 筛选"对话框

5 在弹出的"添加筛选器"对话框中的 TCP 端口文本框中输入"80"。单击 确定 按钮，如图 1-48 所示。

图 1-48   "添加筛选器"对话框

◇**题 目 3**：从"网络连接"界面开始，用鼠标操作，找到"网络连接详细信息"窗口，从中查看网卡的物理地址。

◇**考查意图**：该题考核如何查看网络连接的详细信息。

◇**操作方法**：

1 在"网络连接"窗口中，在"本地连接"图标上单击鼠标右键，在弹出的菜单中单击【状态】菜单命令，如图 1-49 所示。

2 在打开的"本地连接状态"对话框中，单击"支持"选项卡，如图 1-50 所示。

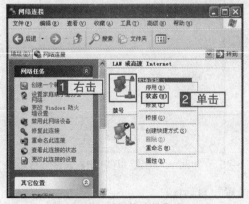

图 1-49   "网络连接"窗口

图 1-50   "网络连接状态"对话框

3 在 "支持" 选项卡中单击 详细信息(D)... 按钮，在弹出的对话框中包括网卡的物理地址详细信息，如图 1-51 所示。

图 1-51　"网络连接详细信息" 对话框

1.3.3　DHCP 和 DNS 服务器的设置

考点级别：★★★

考试分析：

> 该考点的考核概率较大，因为操作比较简单。

操作方式

方式	菜单	鼠标左键	右键菜单	快捷键	其他方式
类别	【开始】→【控制面板】→ 【网络和 Internet 连接】→【网络连接】				

真 题 解 析

◇**题　目 1**：启用 DHCP。

◇**考查意图**：该题考核如何启用 DHCP，也就是自动获取 IP 地址。

◇**操作方法**：

　1 打开 "本地连接属性" 对话框，选中 "Internet 协议（TCP/IP）" 复选框，然后单击 属性(R) 按钮，打开 "Internet 协议（TCP/IP）属性" 对话框，如图 1-52 和图 1-53 所示。

　2 选中 "自动获得 IP 地址" 单选框，单击 高级(V)... 按钮，打开 "高级 TCP/IP 设置" 对话框，如图 1-53 所示。

图 1-52　"本地连接属性" 对话框

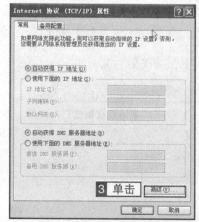

图 1-53　"Internet 协议（TCP/IP）属性" 对话框

3 在"IP 地址"栏中即可看到 DHCP 被启用，单击 确定 按钮，如图 1-54 所示。

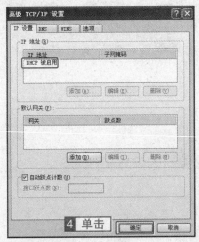

图 1-54 "IP 设置"选项卡

◇**题 目 2**：设置本机首选 DNS 服务器的 IP 地址为：202.96.64.68。

◇**考查意图**：该题考核如何设置 DNS 服务器。

◇**操作方法**：

1 打开"本地连接属性"对话框，选中"Internet 协议（TCP/IP）"复选框，然后单击 属性(R) 按钮，打开"Internet 协议（TCP/IP）属性"对话框，如图 1-55 所示。

2 选中"使用下面的 DNS 服务器地址"单选框，在"首选 DNS 服务器"文本框中输入"202.96.64.68"，单击 确定 按钮，如图 1-56 所示。

图 1-55 "本地连接属性"对话框

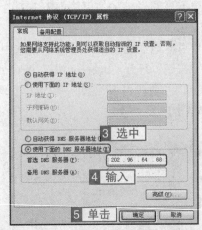

图 1-56 "Internet 协议（TCP/IP）属性"对话框

本章考点及其对应操作方式一览表

考点	考频	操作方式
安装调制解调器 驱动程序	★	【开始】→【控制面板】→【打印机和其它硬件】→【电话和调制解调器选项】
设置调制解调器	★★	【开始】→【控制面板】→【打印机和其它硬件】→【电话和调制解调器选项】→【调制解调器选项卡】→【属性】
安装网络适配器	★★	【控制面板】→【打印机和其它硬件】→【添加硬件】
创建拨号连接的 方法	★★★	【开始】→【控制面板】→【网络和 Internet 连接】→【网络连接】
设置拨号连接 属性	★★★	【开始】→【控制面板】→【网络和 Internet 连接】→【网络连接】
启动拨号连接	★★★	桌面双击拨号连接图标
安装和设置 TCP/IP	★★★	【开始】→【控制面板】→【网络和 Internet 连接】→【网络连接】
设置 TCP/IP 属性	★★★	【开始】→【控制面板】→【网络和 Internet 连接】→【网络连接】
DHCP 和 DNS 服务器的设置	★★★	【开始】→【控制面板】→【网络和 Internet 连接】→【网络连接】

Internet 应用 5 日通题库版

通 关 真 题

CD 注：以下测试题可以通过光盘【实战教程】→【通关真题】进行测试。

第 1 题 从当前界面开始，找到"电话和调制解调口供选项"中的相应设置界面，把调制解调器的速率设置为 57600bps。

第 2 题 从当前界面开始，通过控制面板中的"添加硬件"向导安装 Modem 的驱动程序，其中让系统自动搜索安装软件，Modem 的型号为：INTEL(R)Ham5628 v.92 Modem。

第 3 题 在当前界面开始操作，打开"Internet 协议（TCP/IP)属性"的"常规"设置界面，在该界面上把备用 DSN 服务器修改为：202.112.0.36。

第 4 题 从当前界面开始，找到相应的设置界面，对相关选项进行设置，使得 TCP/IP 上的 NetBIOS 协议被禁用。

第 5 题 在打开的"网络连接"窗口中，修改"本地连接"的"Internet 协议（TCP/IP)"的 DNS 服务器地址，首选 DNS 服务器地址为"25.128.222.23"，备用 DNS 服务器地址为"25.128.222.24"。

第 6 题 用鼠标操作，打开相应界面。查看"本地连接属性"设置对话框。

第 7 题 从当前界面开始，通过对属性的设置，使其连接时使用调制解调器连接到 Internet，并增加显示验证窗口。

第 8 题 用鼠标操作，启用本机"Internet 协议（TCP/IP)"。

第 9 题 网络连接后，用鼠标操作，禁止在任务栏的通知区域（右下角）显示网络连接图表。

第 10 题 从当前界面开始到"电话和调制解调器的选项"中，删除当前的调制解调器。

第 11 题 从当前界面开始，设置如果当前电话号码不能拨通时自动连接号码 16300，并设置在连接过程中显示连接进度，提示电话号码。

第 12 题 在拨号连接中设置不允许网络上的其他计算机使用本机上的打印机和共享资源。

第 13 题 禁用网卡建立的"本地连接"。

第 14 题 从当前界面开始，打开高级 TCP/IP 设置属性，将"本地连接"的默认网关删除。

第 15 题 将 TCP/IP 上的 NetBIOS 由默认改为启用。

第 16 题 设置允许使用全部 TCP。

第 17 题 启动一个已经设置好的拨号连接，已知用户名为"OE2011"，密码为"123456"。

第 18 题 为当前窗口的拨号连接安装 Network Monitor Driver 网络协议。

第2章 局域网应用

本章考点

掌握的内容 ★★★

使用网络共享资源

访问共享文件夹

设置共享文件夹共享权限

本地权限的作用和设置

查找网上计算机和共享文件资源

添加网络打印机

设置网络打印机

使用网络打印机

熟悉的内容 ★★

设置和使用网络驱动器

了解的内容 ★

创建与管理用户帐号

创建与管理用户组

2.1 网络共享资源

2.1.1 使用网络共享资源

考点级别：★★★

考试分析：

　　该考点的考核概率较大，命题方式通常有两种，一种为要求考生将某个文件或文件夹在网络中共享，而另一种则是相反操作，即取消共享。

操作方式

方式	菜单	鼠标左键	右键菜单	快捷键	其他方式
类别	【文件】→【共享和安全】		【共享和安全】		

真 题 解 析

◇**题 目 1：** 从当前界面开始，对"C:\OE 教育.doc"文件设置共享。

◇**考查意图：** 该考题考核单个文件如何共享。

◇**操作方法：**

　　1 在 C 盘中选择"OE 教育.DOC"文件，单击鼠标右键，在弹出的快捷菜单中选择【复制】菜单命令，如图 2-1 所示。

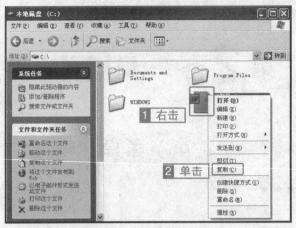

图 2-1　"C 盘"窗口

2 选择【开始】→【我的电脑】菜单命令，打开"我的电脑"窗口，双击"共享文档"文件夹，如图 2-2 和图 2-3 所示。

图 2-2　"开始"菜单

图 2-3　"我的电脑"窗口

3 打开"共享文档"窗口，在空白处单击鼠标右键，在弹出的快捷菜单中选择【粘贴】菜单命令，即可将该文件共享，如图 2-4 和图 2-5 所示。

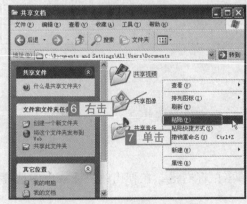

图 2-4　"共享文档"窗口

图 2-5　共享文档

◇**题 目 2**：从当前界面开始，使用鼠标右键方式，设置"C:\OE 教育"文件夹为共享文件夹，输入共享名为"OE 教育$"。

◇**考查意图**：该题考核如何共享文件夹。

◇**操作方法**：

1 在 C 盘中选择"OE 教育"文件夹，单击鼠标右键，在弹出的快捷菜单中选择【共享和安全】菜单命令，如图 2-6 所示。

2 打开文件夹的属性对话框，在"网络共享和安全"栏中单击"如果您知道在安全方面的风险，但又不想运行向导就共享文件，请单击此处"超链接，如图 2-7 所示。

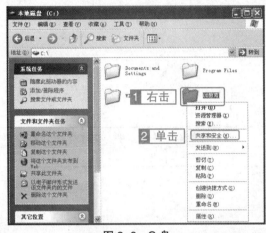

图 2-6 C 盘   图 2-7 "共享"选项卡

3 打开"启用文件共享"对话框，选中"只启用文件共享"单选框，单击 确定 按钮，如图 2-8 所示。

4 返回该文件夹属性对话框，在"网络共享和安全"栏中选择"在网络上共享这个文件夹"复选框，单击 确定 按钮，如图 2-9 所示。

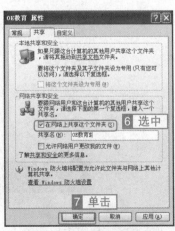

图 2-8 "启用文件共享"对话框   图 2-9 "共享"选项卡

触类旁通

第一次打开"共享"选项卡时，会有"如果您知道在安全方面的风险，但又不想运行向导就共享文件，请单击此处"超链接，单击这个超链接后，打开"启用文件共享"对话框，选中"只启用文件共享"单选框，单击 确定 按钮。以后再打开"共享"选项卡时，将不再有"如果您知道在安全方面的风险，但又不想运行向导就共享文件，请单击此处"这个超链接了。

2.1.2 访问共享文件夹

考点级别：★★★
考试分析：

该考点的考核概率较大，但命题方式很简单。

操作方式

方式	开始菜单		工具栏	右键菜单	快捷键	其他方式
类别	【开始】→【运行】	【开始】→【网上邻居】	地址栏			

真 题 解 析

◇**题　目：** 从当前界面开始，通过地址栏，打开 IP 地址为 "192.168.0.153\OE 教育"的文件夹。

◇**考查意图：** 该考题考核如何访问共享文件夹。

◇**操作方法：**

1 选择【开始】→【我的电脑】菜单命令，打开"我的电脑"窗口，如图 2-10 所示。

图 2-10　"开始"菜单

2 在"地址"下拉列表框中输入 "\\192.168.0.153\OE 教育"，单击"地址栏"右侧的 →转到 按钮（或直接按 Enter 键），在打开的窗口中可以看到共享文件夹中的文件，如图 2-11 和图 2-12 所示。

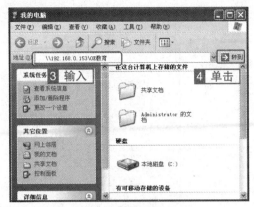

图 2-11　"我的电脑"窗口

图 2-12　"共享文件"窗口

触类旁通

　　如果题目中没有要求通过"地址栏"打开某个共享文件夹时，也可以通过单击【开始】→【运行】菜单命令，在弹出的"运行"对话框中的打开文本框中输入"\\192.168.0.153\oe 教育"，然后单击 确定 按钮，也会打开"共享文件"的窗口。

2.1.3　设置共享文件夹的共享权限

考点级别：★ ★ ★

考试分析：

　　该考点的考核概率较大，考题多数情况下是和使用网络共享资源的考点一起考。

操作方式

方式	菜单	鼠标左键	右键菜单	快捷键	其他方式
类别			【共享和安全】		

真 题 解 析

◇**题　　目：**从"我的电脑"界面开始，设置"C:\OE 教育"文件夹为共享文件夹，并在共享名后面加上"$"符号，设置共享权限为"允许网络用户更改我的文件"。

◇**考查意图：**该题考核如何设置文件加共享，并设置共享权限。

◇**操作方法：**

　　1 在 C 盘中选择"OE 教育"文件夹，单击鼠标右键，在弹出的快捷菜单中选择【共享和安全】菜单命令，打开"OE 教育 属性"对话框，如图 2-13 所示。

　　2 在"共享"选项卡的"网络共享和安全"栏中选中"在网络上共享这个文件夹"复选框，在共享名文本框中的共享名后输入"$"，如图 2-14 所示。

　　3 选中"允许网络用户更改我的文件"复选框，单击 确定 按钮，如图 2-14 所示。

Internet 应用 5 日通题库版

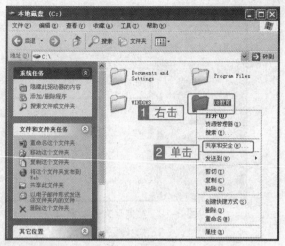

图 2-13　C盘

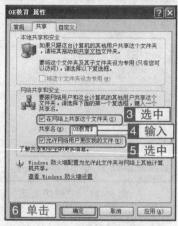

图 2-14　"共享"选项卡

触类旁通

在共享名后加"$"符号是为了不想让所有的网络用户都看到这个共享文件夹。

2.1.4　本地权限的作用和设置

考点级别：★★★

考试分析：

该考点考核概率较大，命题方式比较简单。

操作方式

方式	菜单	鼠标左键	右键菜单	快捷键	其他方式
类别			【共享和安全】		

真 题 解 析

◇**题　　目：**从当前界面开始，将"OE 教育"文件夹中"Everyone"的本地使用权限设置为"更改"。

◇**考查意图：**该题考核如何设置本地权限。在考试中可能不需要设置取消"使用简单文件共享"。

◇**操作方法：**

1 选择【开始】→【我的电脑】菜单命令，打开"我的电脑"窗口，如图 2-15 所示。

2 选择【工具】→【文件夹选项】菜单命令，打开"文件夹选项"对话框，如图 2-16 所示。

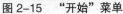

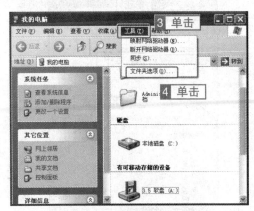

图 2-15　"开始"菜单　　　　　　　　　　图 2-16　"我的电脑"窗口

3 单击"查看"选项卡，在"高级设置"列表框中取消选中"使用简单文件共享（推荐）"复选框，单击 确定 按钮，如图 2-17 所示。

4 在"OE 教育"文件夹上单击鼠标右键，在弹出的快捷菜单中选择【共享和安全】菜单命令，打开其属性对话框，如图 2-18 所示。

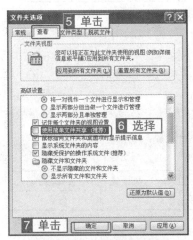

图 2-17　"查看"选项卡　　　　　　　　　图 2-18　C 盘

5 单击"共享"选项卡，选中"共享此文件夹"单选框，单击 权限(P) 按钮，打开该文件夹的权限对话框，如图 2-19 所示。

6 在"组或用户名称"列表框中选择"Everyone"选项，在下面的权限列表中选中"更改"后面对应的"允许"复选框，单击 确定 按钮，如图 2-20 所示。

图 2-19 "共享"选项卡

图 2-20 "共享权限"选项卡

触类旁通

本地权限包括"完全控制"、"更改"、"读取"3 种，"完全控制"权限包含"更改"和"读取"的所有权限，而"更改"权限则包含"读取"的所有权限。

2.1.5 设置和使用网络驱动器

考点级别：★★
考试分析：

该考点的考核概率比较大，因为共享驱动器的操作和共享文件夹的操作非常相似，所以考试中要出现共享文件夹的考题，一般就不会出现共享驱动器的考题。

操作方式

方式	菜单	鼠标左键	右键菜单	快捷键	其他方式
类别			【共享和安全】		

真题解析

◇**题 目 1**：共享 E 盘。
◇**考查意图**：该考点考核如何共享驱动器。
◇**操作方法**：

1 选择【开始】→【我的电脑】菜单命令，打开"我的电脑"窗口，如图 2-21 所示。

2 在 E 盘上单击鼠标右键，在弹出的快捷菜单中选择【共享和安全】菜单命令，打开驱动器的属性对话框，如图 2-22 所示。

图 2-21 开始菜单

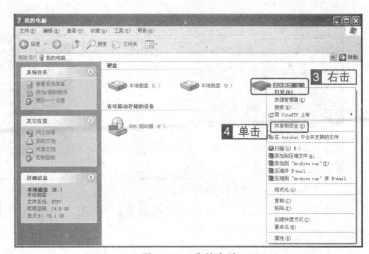

图 2-22 我的电脑

3 单击"如果您知道风险，但还要共享驱动器的根目录，请单击此处"超链接，激活相关选项，如图 2-23 所示。

4 在"网络共享和安全"栏中选中"在网络上共享这个文件夹"复选框，单击 确定 按钮，如图 2-24 所示。

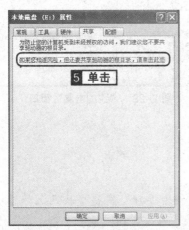

图 2-23 "共享"选项卡 1

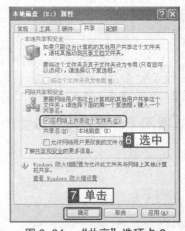

图 2-24 "共享"选项卡 2

◇**题 目 2**：将计算机名为"Winxp"中的"OE 教育"共享文件夹映射为网络驱动器"W"。

◇**考查意图**：该题考核如何映射网络驱动器。

◇**操作方法**：

1 在"我的电脑"窗口中，选择【工具】→【映射网络驱动器】菜单命令，打开"映射网络驱动器"对话框，如图 2-25 所示。

2 在"驱动器"下拉列表框中选择"W"选项，单击 浏览(B)... 按钮，打开"浏览文件夹"对话框，如图 2-26 所示。

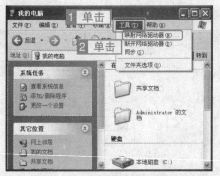
图 2-25　"我的电脑"窗口

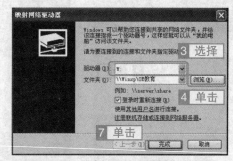
图 2-26　"映射网络驱动器"对话框

3 在其中选择名为"Winxp"的计算机中的"OE 教育"共享文件夹，单击 确定 按钮，如图 2-27 所示。

4 返回"映射网络驱动器"对话框，单击 完成 按钮。此时在"我的电脑"窗口中出现了该网络驱动器图标，如图 2-28 所示。

图 2-27　"浏览文件夹"对话框

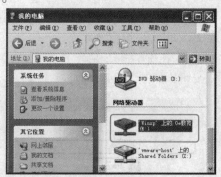
图 2-28　"我的电脑"窗口

2.1.6　查看网上计算机和共享文件资源

考点级别：★★★

考试分析：

　　该考点的考核概率较大，考题一般为使用"搜索助理"窗格查找网上计算机和共享文件资源。

操作方式

方式	菜单	鼠标左键	右键菜单	快捷键	其他方式
类别	【开始】→【我的电脑】→ 单击【搜索】按钮				

真 题 解 析

◇**题　　目：**从当前界面开始，通过"搜索助理"查找 IP 地址为："192.168.0.127"的计算机。

◇**考查意图：**该题考核如何通过"搜索助理"搜索计算机。

◇操作方法：

1 在"我的电脑"窗口中单击工具栏上的 ![搜索]按钮，打开"搜索助理"窗格。在左侧打开的窗格中单击"计算机或人"超链接，如图 2-29 所示。

2 继续单击左侧窗格中的"网络上的一个计算机"超链接，如图 2-30 和图 2-31 所示。

图 2-29　单击"搜索"按钮后的窗口

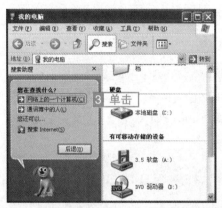

图 2-30　单击"计算机或人"超链接后的窗口

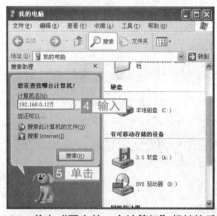

图 2-31　单击"网上的一个计算机"超链接后的窗口

3 在"计算机名"文本框中输入"192.168.0.127"，单击 ![搜索(R)] 按钮，即可搜索到相应的计算机，如图 2-32 所示。

图 2-32　搜索结果窗口

2.2　共享网络打印机

2.2.1　添加网络打印机

考点级别： ★★★

考试分析：

　　该考点的考核概率较高，虽然步骤较多，只要按顺序一步一步操作很容易通过。

操作方式

方式	菜单	鼠标左键	右键菜单	快捷键	其他方式
类别	【开始】→【打印机和传真】				

真 题 解 析

◇**题　　目：** 在当前窗口界面中，根据"添加打印机"向导，安装网络打印机，选择"打印机"为"\\MICROSOF-6F40C6\HP LaserJet 3050 Series PCL 6"。

◇**考查意图：** 该考题考核如何添加网络打印机。

◇**操作方法：**

　1 选择【开始】→【打印机和传真】菜单命令，打开"打印机和传真"窗口，如图2-33 和图 2-34 所示。

图 2-33　"开始"菜单

图 2-34　"打印机和传真"窗口

　2 在左侧的窗格中单击"添加打印机"超链接，打开"添加打印机向导"对话框，如图 2-35 所示。

　3 单击 下一步(N) > 按钮，打开"本地或网络打印机"对话框，如图 2-36 所示。

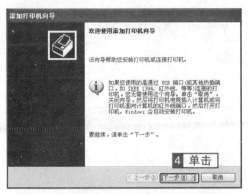

图 2-35　"欢迎使用打印机向导"对话框

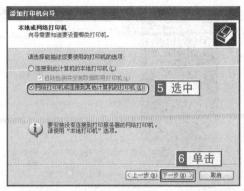

图 2-36　"本地或网络打印机"对话框

4 选中"网络打印机或连接到其他计算机的打印机"单选框，单击 下一步(N) > 按钮，打开"指定打印机"对话框，如图 2-37 所示。

5 保持默认，单击 下一步(N) > 按钮，打开"浏览打印机"对话框，如图 2-38 所示。

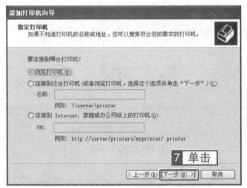

图 2-37　"指定打印机"对话框

图 2-38　"浏览打印机"对话框

6 在 "共享打印机" 列表中选择" \\MICROSOF-6F40C6\HP LaserJet 3050 Series PCL 6"选项，单击 下一步(N) > 按钮，在打开的"默认打印机"对话框中选中"是"单选框，然后单击 下一步(N) > 按钮，如图 2-39 所示。

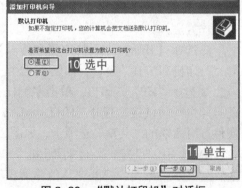

图 2-39　"默认打印机"对话框

7 打开"正在完成添加打印机向导"对话框，单击 完成 按钮，在"打印机和传真"窗口中可以看到已添加的网络打印机，如图 2-40 和图 2-41 所示。

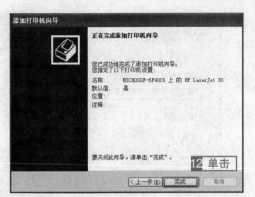

图 2-40 "正在完成添加打印机向导"对话框

图 2-41 "打印机和传真"窗口

2.2.2 设置网络打印机

考点级别：★★★

考试分析：

该考点的考核概率较大，命题方式多为要求考生将某台打印机设置为共享打印机。

操作方式

方式	菜单	鼠标左键	右键菜单	快捷键	其他方式
类别	【开始】→【打印机和传真】				

真 题 解 析

◇题　　目：从"打印机和传真"窗口界面开始，设置本地打印机"HP LaserJet 3050 Series PCL 6"为网络打印机。

◇考查意图：该题考核如何将本地打印机设置为共享打印机。

◇操作方法：

1 选择【开始】→【打印机和传真】菜单命令，打开"打印机和传真"窗口，如图 2-42 所示。

2 选择"HP"打印机，单击左侧任务窗格的"共享此打印机"超链接，打开"HP LaserJet 3050 Series PCL 6 属性"对话框的"共享"选项卡，如图 2-43 所示。

3 选中"共享这台打印机"单选框，单击 其他驱动程序(D)... 按钮，打开"其他驱动程序"对话框，如图 2-45 所示。

图 2-42 "开始"菜单

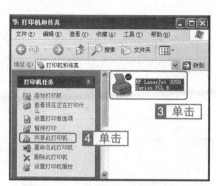

图 2-43　"打印机和传真"窗口

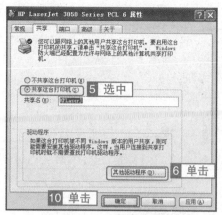

图 2-44　"共享"选项卡

4 选中所有的复选框，单击 确定 按钮，打开驱动程序安装对话框，单击
确定 按钮开始安装驱动程序，如图 2-45 和图 2-46 所示。

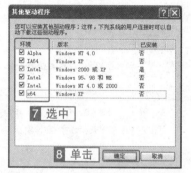

图 2-45　"其他驱动程序"对话框

图 2-46　"打印机驱动程序"对话框

5 安装完成后，单击 确定 按钮即可看到打
印机图标下方出现一个手形图标，表示该打印机已
经在网络上共享，如图 2-47 所示。

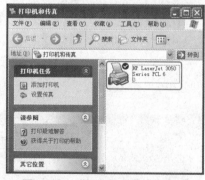

图 2-47　"打印机和传真"窗口

2.2.3　使用网络打印机

考点级别：★★★

考试分析：

该考点考核概率较大，使用网络打印机经常和添加网络打印机一起考核。

操作方式

方式	菜单	鼠标左键	右键菜单	快捷键	其他方式
类别	【文件】→【打印】				

真 题 解 析

◇**题　　目：**使用网络打印机 "HP LaserJet 3050 Series PCL 6"，将 "OE 教育.doc" 文档用 A4 纸打印 5 份。

◇**考查意图：**该题考核如何使用网络打印机进行打印。

◇**操作方法：**

1 打开 "OE 教育.doc" 文档，选择【文件】→【打印】菜单命令，打开 "打印" 对话框，如图 2-48 所示。

2 在 "页面范围" 栏中选中 "全部" 单选框，在 "副本" 栏中的 "份数" 数值框中输入 "5"，然后单击 属性(P) 按钮，如图 2-49 所示。

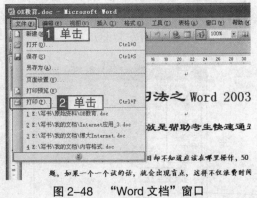

图 2-48　"Word 文档" 窗口

3 在打开的 "属性" 对话框中的 "纸张尺寸" 下拉列表框中选择 "A4" 选项，其他保持默认设置，然后单击 确定 按钮，如图 2-50 所示。

4 返回 "打印" 对话框，单击 确定 按钮，文档开始进行打印。

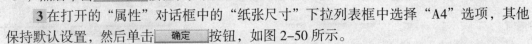

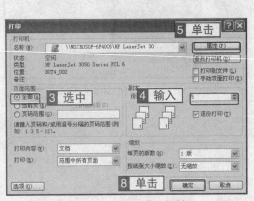

图 2-49　"打印" 对话框　　　　　　　　图 2-50　"纸张／质量" 选项卡

2.3　管理局域网中的用户

2.3.1　创建与管理用户帐号

考点级别：★

考试分析：

该考点属于需要了解的考点，考生要注意的是这个考点经常考。

操作方式

方式	菜单	鼠标左键	右键菜单	快捷键	其他方式
类别	【开始】→【控制面板】→【用户账户】				

真 题 解 析

◇**题 目 1**：通过控制面板创建新用户名为"OE"，用户密码为"123456"的受限用户。

◇**考查意图**：该题考核如何创建用户。

◇**操作方法**：

1 选择【开始】→【控制面板】菜单命令，单击"用户帐号"超链接，如图2-51所示。

2 打开"用户帐号"窗口，单击"创建一个新帐户"超链接，如图2-52所示。

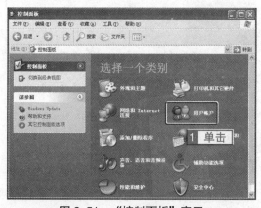
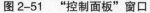

图2-51　"控制面板"窗口

图2-52　"用户帐户"窗口

3 打开"为新帐户起名"窗口，在"为新帐户键入一个名称"文本框中输入"OE"，单击 下一步(N) > 按钮，如图2-53所示。

4 打开"挑选一个帐户类型"窗口，选中"受限"单选框，单击 创建帐户(C) 按钮，如图2-54所示。

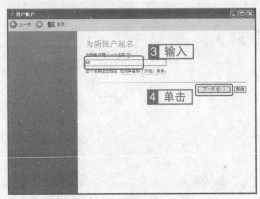

图 2-53　"为新帐户起名"窗口

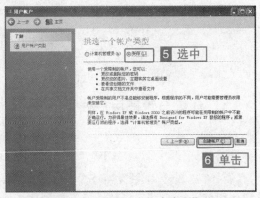

图 2-54　"挑选一个帐户类型"窗口

5 返回"用户帐户"窗口主页中，在"或挑选一个要更改的帐户"栏中单击"OE"帐户图标，打开更改帐户窗口，单击"创建密码"超链接，如图 2-55 和图 2-56 所示。

图 2-55　"用户帐户"窗口

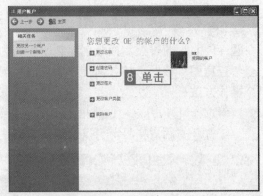

图 2-56　"更改帐户"窗口

6 在打开窗口的文本框中输入"123456"，单击 创建密码(C) 按钮，如图 2-57 所示。

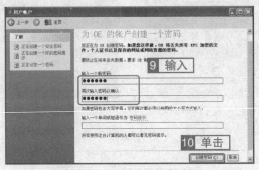

图 2-57　"创建密码"窗口

◇**题　目 2**：过控制面板更改用户"OE"的帐户类型为计算机管理员。

◇**考查意图**：该题考核如何更改帐户类型。

◇**操作方法**：

1 选择【开始】→【控制面板】菜单命令，单击"用户帐号"超链接，如图 2-58 所示。

2 打开"用户帐户"窗口，在"或挑一个帐户做更改"下单击"OE 帐户"图标。打开"更改 OE 帐户"的窗口，单击"更改账户类型"超链接，如图 2-59 和图 2-60 所示。

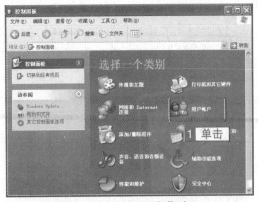

图 2-58　　"控制面板"窗口

图 2-59　　"用户账户"窗口

图 2-60　　"更改帐户"窗口

3 打开"为 OE 挑选一个新的帐户类型"窗口，选中"计算机管理员"单选框，如图 2-61 所示。

4 单击 更改帐户类型(C) 按钮，返回到"用户帐户"窗口，用户名下的"帐户类型"变为计算机管理员，如图 2-62 所示。

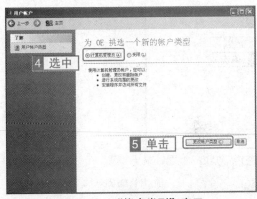

图 2-61　　"帐户类型"窗口

图 2-62　　"更改帐户"窗口

◇**题 目 3**：把"OE"帐户删除，要保留文件信息。

◇**考查意图**：该题考核如何删除帐户。

Internet 应用 5 日通题库版

◇操作方法：

1 选择【开始】→【控制面板】菜单命令，单击"用户帐号"超链接，如图 2-63 所示。

2 打开"用户帐户"窗口，在"或挑一个帐户做更改"下单击"OE 帐户"图标，打开"更改 OE 帐户"的窗口，如图 2-64 和图 2-65 所示。

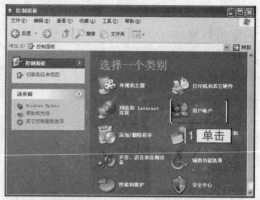

图 2-63　"控制面板"窗口

图 2-64　"用户账户"窗口

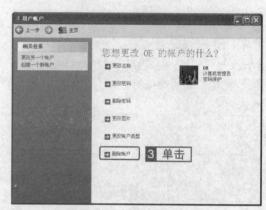

图 2-65　"更改帐户"窗口

3 单击"删除账户"超链接，打开"删除账户"窗口，如图 2-66 所示。

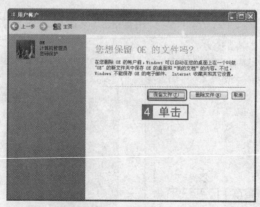

图 2-66　"删除账户"窗口

4 单击 保留文件(Y) 按钮，打开"确认账户删除"窗口，单击 删除帐户(Y) 按钮，如图 2-67 和图 2-68 所示。

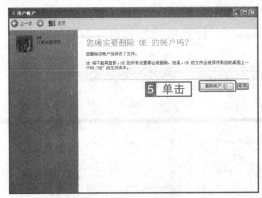

图 2-67　"确认账户删除"窗口

图 2-68　删除 OE 账户后的"用户账户"窗口

2.3.2　创建与管理用户组

考点级别：★

考试分析：

该考点是了解的考点，考核概率较低。

操作方式

方式	菜单	鼠标左键	右键菜单	快捷键	其他方式
类别			右击【我的电脑】→【管理】		

真 题 解 析

◇**题　　目：**在"计算机管理"窗口中，在"组"目录下，新建一名称为"FTP"的组。

◇**考查意图：**该题考核如何创建组。

◇**操作方法：**

1 在"我的电脑"图标上单击鼠标右键，在弹出的快捷菜单中选择【管理】菜单命令，打开"计算机管理"窗口，如图 2-69 所示。

2 在左侧的窗格中单击"本地用户和组"选项前的⊞按钮，展开该组，然后再选择其中的"组"选项。选择【操作】→【新建组】菜单命令，如图 2-70 所示。

图 2-69　"我的电脑"右键菜单

图 2-70　"计算机管理"窗口

3 打开"新建组"对话框，在"组名"的文本框中输入"FTP"，单击 创建(C) 按钮，再单击 关闭(O) 按钮关闭"新建组"对话框。在"计算机管理"窗口右侧就会出现"FTP"的组，如图 2-71 和图 2-72 所示。

图 2-71 "新建组"对话框

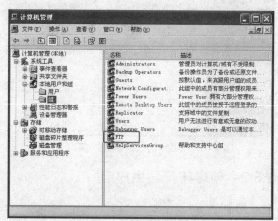

图 2-72 "计算机管理"窗口

本章考点及其对应操作方式一览表

考点	考频	操作方式
使用网络共享资源	★★★	【文件】→【共享和安全】
访问共享文件夹	★★★	【开始】→【运行】
设置共享文件夹的共享权限	★★★	【共享和安全】
本地权限的作用和设置	★★★	【共享和安全】
设置和使用网络驱动器	★★	【共享和安全】
查看网上计算机和共享文件资源	★★★	【开始】→【我的电脑】→单击【搜索】按钮
添加网络打印机	★★★	【开始】→【打印机和传真】
设置网络打印机	★★★	【开始】→【打印机和传真】
使用网络打印机	★★★	【文件】→【打印】
创建与管理用户帐号	★	【开始】→【控制面板】→【用户账户】
创建与管理用户组	★	右击【我的电脑】→【管理】

通　关　真　题

第 1 题　通过鼠标右键菜单方式添加"日常软件"文件夹本地使用权限"完全控制"。

第 2 题　从当前界面开始，通过"搜索助理"查找 IP 地址为"192.168.0.135"的计算机。

第 3 题　从当前界面开始，使用鼠标右键菜单操作，通过网上邻居映射目录地址为："\192.168.0.122\F $"的网络驱动器。

第 4 题　通过"资源管理器"窗口中的地址栏，直接访问 IP 地址为"192.168.0.122"这台计算机的"F:"驱动器。

第 5 题　在当前操作界面中，创建新用户"MAYA"；创建用户密码为"123456"；设置用户"无需修改及不能修改密码"及"密码永不过期"属性。

第 6 题　从当前界面开始，通过"资源管理器"的地址栏，打开 IP 地址为"\\192.168.0.135\oe 教育"的文件夹。

第 7 题　从当前界面开始，使用左侧选项按钮，设置本地打印机"EPSON Stylus Photo R230 Series"为网络打印机；设置共享名为"EPSON"。

第 8 题　从当前界面开始，更改"test"用户的密码为"test20011"，其旧密码为"12345678"。

第 9 题　从当前界面开始，使用网上邻居打开"oe 教育"在 12 (192.168.0.135) 上共享文件夹。

第 10 题　在"计算机管理"窗口中，使用快捷工具按钮，查看"test"的属性，并将其删除。

第 11 题　通过使用"搜索助理"，添加 IP 地址为"\\192.168.0.135\EPSON Stylus Photo R230 Series"计算机中共享的打印机服务。

第 12 题　从当前界面开始，使用鼠标右键方式，通过"网上邻居"搜索 IP 地址为："192.168.0.122"的计算机。

第 13 题　从当前界面开始，查找计算机名为"Lqq-1b3e3c96ca7"的计算机。

第 14 题　从当前界面开始，通过网上邻居查找一工作组中计算机名为"12（qq-1b3e3c96ca7）"的计算机（已登录）。并将其"OE 教育"中的"新建 Microsoft Office Word 97 - 2003 文档.doc"使用左侧选项按钮方式复制到"我的文档"中。

第 15 题　请取消文件夹 Internet 的共享。

第 16 题　从当前界面开始，在"资源管理器"窗口中，使用右键方式设置本地驱动器 C 为共享方式。

第 17 题　在"资源管理器"中，通过网上邻居映射 IP 地址为"192.168.0.148\C$"网络驱动器。

第 18 题　请通过地址栏访问网络驱动器 192.168.0.148\C$。

第 19 题　断开网络驱动器 Z。

第 20 题　在"打印机和传真"窗口中，设置网络打印机"EPSON Stylus Photo R230 Series"属性中，使用时间从"6:00-0:00"。

第 21 题　使用快捷工具栏按钮，把本地文件夹："D：\download"目录列表中的"常用工具"文件夹，更名为"网络工具"。

第 22 题　通过控制面板创建一个新帐户用户名为 sophy，帐户类型为受限用户。

第 23 题　将用户 sophy 添加到 Guests 组中。

第 24 题　从当前界面开始，使用菜单操作方式停用"Guest"用户帐号。

第3章　IE 浏览器的使用

本章考点

掌握的内容★★★

IE 浏览器的浏览方法
保存、打印网页和图片
收藏夹的使用
收藏夹的整理
搜索资源
使用 Google 搜索引擎
使用百度搜索引擎
IE 浏览器的基本选项
历史记录的设定

熟悉的内容★★★

查看不同语言编写的内容

了解的内容★★★

导入与导出收藏夹
利用 IE 浏览器使用 FTP 服务器
不同站点安全等级
分级审查程序
设置 Internet 程序
设置工具栏的外观
设置网页字体和背景颜色
加快网页的显示速度

3.1　使用 IE 浏览器浏览网页

3.1.1　IE 浏览器的浏览方法

考点级别： ★★★

考试分析：

该考点比较容易出考题，命题方式也很多，有一些命题比较简单，如通过地址栏打开网页"www.oeoe.com"，或通过收藏夹打开网页"www.oeoe.com"等。

操作方式

类别	菜单	工具栏	右键菜单	快捷键	其他方式
打开指定网页	【文件】→【打开】	地址栏			
新窗口浏览网页	【文件】→【新建】→【窗口】			【Ctrl+N】	
打开已浏览过的网页		【前进】【后退】按钮			收藏夹
脱机浏览网页	【文件】→【脱机工作】				

真 题 解 析

◇**题 目 1**：通过 IE 浏览器的菜单命令打开 www.oeoe.com。

◇**考查意图**：该题考核通过"打开"对话框打开网页。

◇**操作方法**：

　　在 IE 浏览器窗口中，选择【文件】→【打开】菜单命令，打开"打开"对话框，在"打开"下拉列表框中输入需要浏览网页的 URL 地址，按 Enter 键或单击 确定 按钮，如图 3-1 和图 3-2 所示。

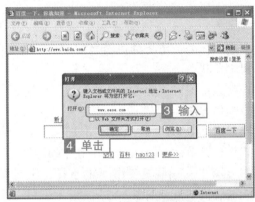

图 3-1　"IE 浏览器"窗口　　　　　　　　　　图 3-2　"打开"对话框

◇**题 目 2**：请打开一个新的 IE 浏览器窗口，访问国家资格考试在线培训网 http://www.oeoe.com。

◇**考查意图**：该题考核如何在 IE 浏览器新建窗口打开网页。

◇**操作方法**：

　1 在 IE 浏览器窗口中，选择【文件】→【新建】→【窗口】菜单命令，如图 3-3 所示。

　2 在打开的新窗口的地址栏中输入 http://www.oeoe.com，单击 转到 按钮，便打开了该网站，如图 3-4 所示。

图 3-3　"IE 浏览器"窗口　　　　　　　　　　图 3-4　在地址栏中输入网址

◇**题 目 3**：通过单击"收藏夹"按钮浏览"人力资源社会保障部人事考试中心指定教

材发行网站"。

◇**考查意图**：该题考核如何通过收藏夹打开网页。

◇**操作方法**：

启动 IE 浏览器，在工具栏中单击 ☆收藏夹 按钮，打开 IE 浏览器的"收藏夹"窗格。在其中单击"人力资源社会保障部人事考试中心指定教材发行网站"超链接，如图 3–5 所示。

图 3–5　单击收藏夹后的 IE 浏览器

◇**题 目 4**：请将浏览器当前网页设置为脱机浏览状态。

◇**考查意图**：该题考核如何脱机浏览网页。

◇**操作方法**：

启动 IE 浏览器，选择【文件】→【脱机工作】菜单命令，此时，在 IE 浏览器标题栏中显示"……[脱机工作]"的字样，该网页就能被脱机浏览，如图 3–6 所示。

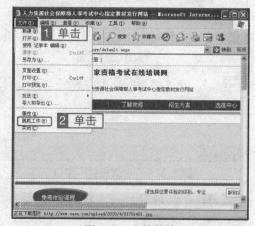

图 3–6　文件菜单

3.1.2　查看不同语言编写的网页

考点级别：★★

考试分析：

> 该考点比较重要，考题通常为设置编码为某种语言或自动选择。

操作方式

方式	菜单	鼠标左键	右键菜单	快捷键	其他方式
类别	【查看】→【编码】				

真 题 解 析

◇**题　　目**：请为 IE 浏览器设置自动选择语言编码功能，使本页能正常显示。

◇**考查意图**：该题考核如何更改网页的编码方式。

◇**操作方法**：

启动 IE 浏览器，选择【查看】→【编码】菜单命令，在弹出的子菜单中选择【自动选择】菜单命令，如图 3-7 所示。

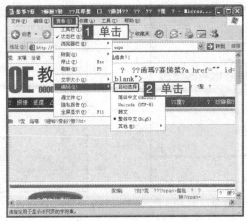

图 3-7　自动选择编码

3.1.3　保存网页和图片

考点级别：★★★

考试分析：

> 该考点的考核概率比较大，命题方式比较多。

操作方式

类别	菜单	鼠标左键	右键菜单	快捷键	其他方式
保存网页	【文件】→【另存为】		【目标另存为】		
保存图片	【编辑】→【复制】		【复制】【粘贴】	【Ctrl+C】	
	【编辑】→【粘贴】		【图片另存为】	【Ctrl+V】	
保存文字	【编辑】→【复制】		【复制】【粘贴】	【Ctrl+C】	
	【编辑】→【粘贴】			【Ctrl+V】	

真 题 解 析

◇**题 目 1**：请将浏览器显示的网页保存成一个独立的 WEB 档案文件，保存在"我的文档"中。

◇**考查意图**：该题考核如何将网页保存为单一的 WEB 档案文件。

◇**操作方法**：

1 启动 IE 浏览器，将打开默认的网页，在地址栏中输入"www.oeoe.com"，按 Enter 键，打开"国家资格考试在线培训网"的首页。

2 选择【文件】→【另存为】菜单命令，弹出"保存网页"对话框，如图 3-8 所示。

3 在"保存网页"对话框中，在"文件名"文本框中输入"国家资格考试在线培训网"，在保存类型下拉框中单击 按钮，选择"Web 文档，单一文件(.mht)"，然后单击 保存(S) 按钮，如图 3-9 所示。

Internet 应用5日通题库版

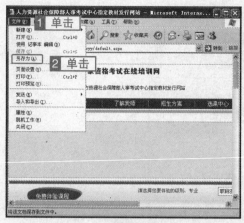

图 3-8　选择菜单命令

图 3-9　"保存网页"对话框

◇**题 目 2**：将"国家资格考试在线培训网"中"OE 课堂"超链接对应的网页保存到 D 盘。

◇**考查意图**：该题如何保存超链接对应的网页。

◇**操作方法**：

　1 启动 IE 浏览器，将打开默认的网页，在地址栏中输入"www.oeoe.com"，按 Enter 键，打开"国家资格考试在线培训网"的首页。

　2 在"OE 课堂"的超链接上单击鼠标右键，在弹出的快捷菜单中选择【目标另存为】菜单命令，打开"另存为"对话框，如图 3-10 所示。

　3 在"保存在"下拉列表框中选择 D 盘，在"文件名"下拉列表框中输入"OE 课堂"，单击　保存(S)　按钮，如图 3-11 所示。

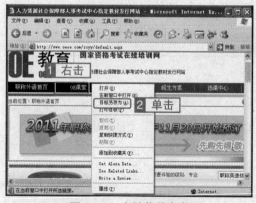

图 3-10　右键菜单命令

图 3-11　"另存为"对话框

◇**题 目 3**：在"国家资格考试在线培训网"首页中，把"教师团队"中的教师照片以 jpg 格式保存在 D 盘中。

◇**考查意图**：该考题考核如何把图片保存到本地硬盘中。

◇**操作方法**：

　1 启动 IE 浏览器，将打开默认的网页，在地址栏中输入"www.oeoe.com"，按 Enter 键，打开"国家资格考试在线培训网"的首页。

2 在教师照片上单击鼠标右键，在弹出的快捷菜单中选择【图片另存为】菜单命令，打开"保存图片"对话框，如图 3-12 所示。

3 在"保存在"下拉列表框中选择 D 盘，在"文件名"下拉列表框中输入"教师照片"，在"保存类型"下拉列表框中选择"JPEG(*.jpg)"，单击 保存(S) 按钮，如图 3-13 所示。

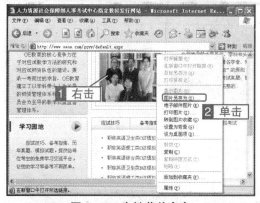
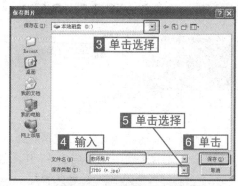

图 3-12　右键菜单命令　　　　　　　　图 3-13　"保存图片"对话框

◇**题 目 4**：将当前页面中"职称英语学习方法论"的内容文本复制到 D 盘的"职称英语学习方法论.txt"文档中。

◇**考查意图**：该考题考核如何保存网页中的文本。

◇**操作方法**：

1 在当前网页中，按住鼠标左键不放并拖动，选中"职称英语学习方法论"的所有文字，在选中区域内单击鼠标右键，在弹出的快捷菜单中选择【复制】菜单命令，如图 3-14 所示。

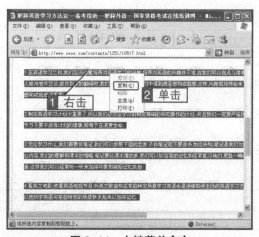

图 3-14　右键菜单命令

2 在"我的电脑"窗口中打开 D 盘，在空白处单击鼠标右键，在弹出的快捷菜单中选择【新建】→【文本文档】菜单命令，文件名输入"职称英语学习方法论.txt"，如图 3-15 和图 3-16 所示。

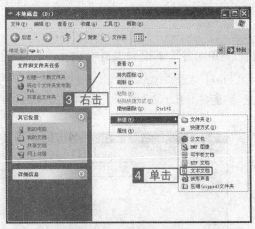

图 3-15　右键菜单命令

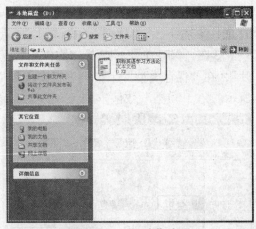

图 3-16　"D 盘"窗口

3 双击"职称英语学习方法论.txt",选择【编辑】→【粘贴】菜单命令将复制的内容粘贴到文本文档中,如图 3-17 和图 3-18 所示。

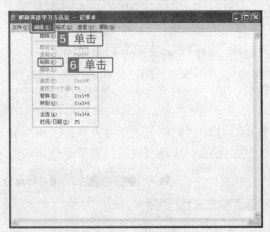

图 3-17　菜单栏命令

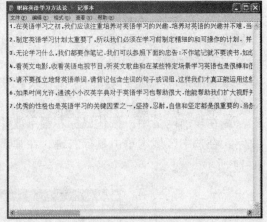

图 3-18　粘贴后的文本文件

3.1.4　打印网页和图片

考点级别:★★★
考试分析:

　　该考点的考核概率较大,并且经常和网页保存一起考查。

操作方式

方式	菜单	工具栏	右键菜单	快捷键	其他方式
类别	【文件】→【打印】				

 真　题　解　析

◇题 目 1:将当前网页的全部内容都打印出来,要求横向打印,打印份数为两份。

◇**考查意图**：该题考核如何打印网页。

◇**操作方法**：

1 在当前页面上，选择【文件】→【打印】菜单命令，打开"打印"对话框，如图 3-19 所示。

2 在"份数"数值框中输入"2"，单击 首选项(R) 按钮，打开"打印首选项"对话框，如图 3-20 所示。

图 3-19 菜单栏命令

图 3-20 "打印"对话框

3 在"方向"栏中选中"横向"，单击 确定 按钮，如图 3-21 所示。

4 返回"打印"对话框，单击"选项"选项卡，选中"打印链接列表"复选框，单击 打印(P) 按钮，如图 3-22 所示。

图 3-21 "打印首选项"对话框

图 3-22 "选项"选项卡

◇**题 目 2**：请将当前网页中"教师团队"的图片打印出来。

◇**考查意图**：该题考核如何打印图片。

◇**操作方法**：

1 在当前页面中，在"教师团队"上单击鼠标右键，在弹出的菜单中选择【打印图片】菜单命令，如图 3-23 所示。

2 在"打印"对话框中，单击 打印(P) 按钮，如图 3-24 所示。

图 3-23 右键菜单命令

图 3-24 "打印"对话框

3.2 收藏网页

3.2.1 收藏夹的使用

考点级别： ★★★

考试分析：

该考点的考核概率较大，其中访问收藏夹中的网址与 IE 浏览器的浏览方法考点有知识重叠的部分。

操作方式

方式	菜单	鼠标左键	右键菜单	快捷键	其他方式
类别	【收藏】→【添加到收藏夹】				

真 题 解 析

◇**题 目 1**：将当前打开的网页的网址添加到收藏夹的"学习"文件夹中，并改名称为"OE 教育"。

◇**考查意图**：该题考核如何把当前页面收藏到指定的文件夹。

◇**操作方法**：

1 在当前页面上，选择【收藏】→【添加到收藏夹】菜单命令，打开"添加到收藏夹"对话框，如图 3-25 所示。

图 3-25　菜单栏命令

2 在"添加到收藏夹"对话框中，单击 创建到(C) >> 按钮，再单击 新建文件夹(W)... 按钮，弹出"新建文件夹"对话框，如图 3-26 和图 3-27 所示。

图 3-26　"添加到收藏夹"对话框

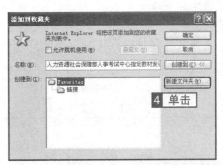

图 3-27　完整的"添加到收藏夹"对话框

3 在"文件夹名"文本框中输入"学习"，单击 确定 按钮，如图 3-28 所示。

4 返回到"添加到收藏夹"对话框，单击 确定 按钮，如图 3-29 所示。

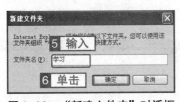

图 3-28　"新建文件夹"对话框

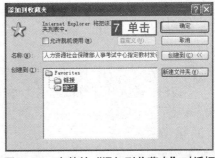

图 3-29　完整的"添加到收藏夹"对话框

◇**题　目　2**：将当前网页中的"OE 课堂"链接在未打开的情况下用鼠标直接添加到收藏夹中。

◇**考查意图**：该题考核如何把网页中的链接对应的网页添加到收藏夹中。

◇**操作方法**：

在当前页面上，右键单击"OE 课堂"，在弹出的快捷菜单中选择【添加到收藏夹】

菜单命令，打开"添加到收藏夹"对话框，单击 确定 按钮，如图3-30和图3-31所示。

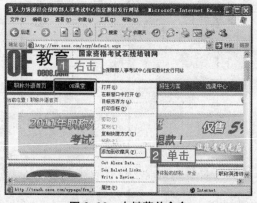

图 3-30   右键菜单命令   图 3-31   "添加到收藏夹"对话框

3.2.2   收藏夹的整理

考点级别：★★★
考试分析：

该考点的考核概率较大，考试时通常会指定考生使用某种方法整理收藏夹。

操作方式

方式	菜单	鼠标左键	右键菜单	快捷键	其他方式
类别	【收藏】→【整理收藏夹】				

真 题 解 析

◇题 目 1：通过整理收藏夹对收藏夹中的"学习"文件夹重新命名为"计算机考试"。
◇考查意图：该题考核如何整理收藏夹。
◇操作方法：

1 启动IE浏览器，选择【收藏】→【整理收藏夹】菜单命令，打开"整理收藏夹"对话框，如图3-32所示。

2 选择"学习"文件夹，单击 重命名(R) 按钮，输入"计算机考试"，按Enter键。单击 关闭(L) 按钮，如图3-33和图3-34所示。

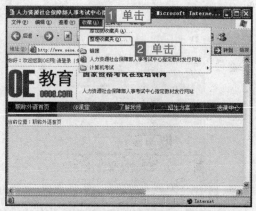

图 3-32   菜单栏命令

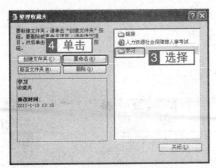

图 3-33　"整理收藏夹"对话框 1

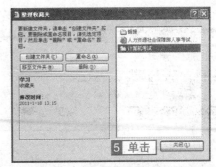

图 3-34　"整理收藏夹"对话框 2

◇**题 目 2**：利用"收藏夹"窗格将收藏夹中的"计算机考试"文件夹中的"人力资源社会保障部人事考试中心指定教材发行网站"删除。

◇**考查意图**：该题考核如何整理收藏夹。

◇**操作方法**：

1 启动 IE 浏览器，在工具栏中单击☆收藏夹按钮，打开"收藏夹"窗格，如图 3-35 所示。

2 单击"计算机考试"超链接，在"人力资源社会保障部人事考试中心指定教材发行网站"超链接上单击鼠标右键，在弹出的菜单中选择【删除】菜单命令，如图 3-36 所示。

图 3-35　"收藏夹"窗格

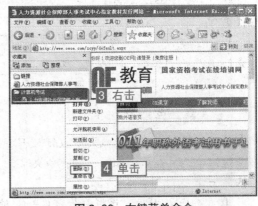

图 3-36　右键菜单命令

3 打开"确认文件删除"对话框，单击　是(Y)　按钮，如图 3-37 和图 3-38 所示。

图 3-37　"确认文件删除"对话框

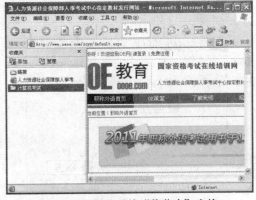

图 3-38　删除后的"收藏夹"窗格

3.2.3 收藏夹的导入与导出

考点级别：★

考试分析：

> 该考点考核概率较大，考试时通常会要求考生将某个文件夹导入或导出收藏夹。

操作方式

方式	菜单	鼠标左键	右键菜单	快捷键	其他方式
类别	【文件】→【导入和导出】				

真 题 解 析

◇题　　目：将收藏夹中的"计算机考试"文件夹导出到 D 盘中。

◇考查意图：该题考核如何导出收藏夹。

◇操作方法：

1 打开 IE 浏览器，选择【文件】→【导入和导出】菜单命令，打开"导入／导出向导"对话框，如图 3-39 所示。

2 单击 下一步(N) > 按钮，打开"导入／导出选择"对话框，如图 3-40 所示。

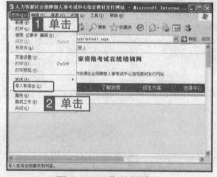

图 3-39　菜单栏命令

图 3-40　"导入／导出向导"对话框

3 在列表框中选择"导出收藏夹"选项，单击 下一步(N) > 按钮，打开"导出收藏夹源文件夹"对话框，如图 3-41 所示。

4 选择"计算机考试"文件夹，单击 下一步(N) > 按钮，打开"导出收藏夹目标"对话框，如图 3-42 所示。

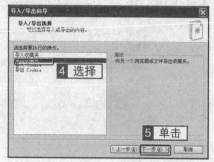

图 3-41　"导入／导出选择"对话框

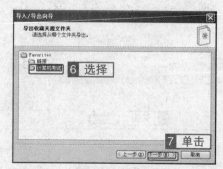

图 3-42　"导出收藏夹源文件夹"对话框

5 单击 浏览(R) ... 按钮，在打开的 "请选择书签文件" 对话框中设置保存位置为 D 盘，单击 保存(S) 按钮，返回 "导出收藏夹目标" 对话框，单击 下一步(N) 按钮，如图 3-43、图 3-44 和图 3-45 所示。

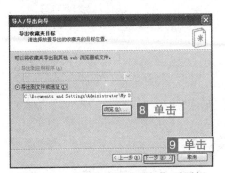

图 3-43　　"导出收藏夹目标" 对话框

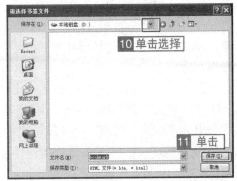

图 3-44　　"请选择书签文件" 对话框

6 打开 "正在完成导入/导出向导" 对话框，在其中显示了相关信息，单击 完成 按钮，打开 "导出文件夹" 提示框，提示导出收藏夹成功，单击 确定 按钮，如图 3-46 所示。

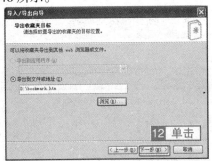

图 3-45　　"导出收藏夹目标" 对话框

图 3-46　　"正在完成导入/导出向导" 对话框

3.3　搜索网上资源

3.3.1　搜索资源

考点级别：★★★

考试分析：

| 该考点考核概率较大，操作比较简单。 |

操作方式

方式	菜单	工具栏	右键菜单	快捷键	其他方式
类别		地址栏			

真 题 解 析

◇**题 目 1**：使用 IE 浏览器的搜索功能来搜索包括"OEOE"单词的网页，并在当前窗口打开搜索到的第一个相关网站。

◇**考查意图**：该题考核如何利用地址栏搜索网页。

◇**操作方法**：

1 打开 IE 浏览器，在"地址栏"中输入"OEOE"，单击 转到 按钮，如图 3-47 所示。

2 将看到搜索到的网页列表，单击搜索结果列表中的"人力资源社会保障部人事考试中心指定教材发行网站"超链接，即可打开"OE 教育"的网站，如图 3-48 所示。

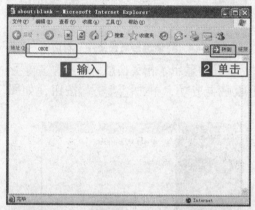

图 3-47   IE 浏览器

图 3-48   搜索结果列表

◇**题 目 2**：请在浏览器当前显示的网页中查找所有有关"OE 教育"的相关信息。

◇**考查意图**：该题考核如何在当前页查找某一关键字的相关信息。

◇**操作方法**：

1 在当前页面中，选择【编辑】→【查找(在当前页)】菜单命令，打开"查找"对话框，如图 3-49 所示。

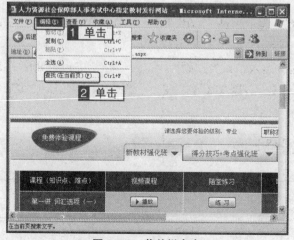

图 3-49   菜单栏命令

2 在查找内容文本框中输入 "OE 教育"，单击 查找下一个(F) 按钮，"OE 教育" 将会被突出显示，如图 3-50 和图 3-51 所示。

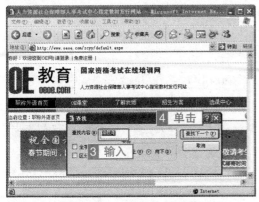

图 3-50　"查找" 对话框

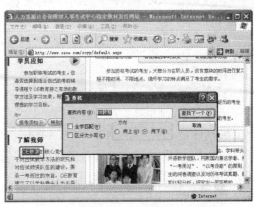

图 3-51　查找结果

3.3.2　使用搜索引擎

考点级别： ★★★
考试分析：

　　该考点考核概率较大，包括 "百度" 和 "Google" 两个搜索引擎，两个搜索引擎应用也差不多，只要掌握其中一个，另一个也基本会使用了。

操作方式

方式	菜单	工具栏	右键菜单	快捷键	其他方式
类别		地址栏			

真 题 解 析

◇**题 目 1**：利用百度搜索引擎搜索歌曲 "大笑江湖" 的 MP3。
◇**考查意图**：该题考核如何使用百度搜索引擎搜索。
◇**操作方法**：

　　1 打开 IE 浏览器，在 "地址" 栏中输入 "www.baidu.com"，按 Enter 键，单击 "MP3" 超链接，如图 3-52 所示。

　　2 在搜索文本框内输入 "大笑江湖"，单击 百度一下 按钮，如图 3-53 所示。

图 3-52　在地址栏中输入

图 3-53　输入 "大笑江湖"

◇题 目 2：利用 Google 搜索引擎搜索"国家资格考试在线培训网"。

◇考查意图：该题考核如何使用 Google 搜索引擎搜索。

◇操作方法：

1 打开 IE 浏览器，在"地址"栏中输入"www.google.com"，按 Enter 键，如图 3-54 所示。

2 在搜索文本框内输入"国家资格考试在线培训网"，单击 Google 搜索 按钮，如图 3-55 所示。

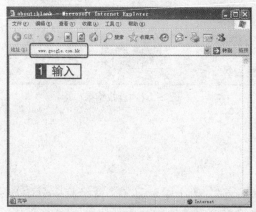

图 3-54 输入 Google 网址

图 3-55 输入搜索关键字

3.4 设置 Internet 选项

3.4.1 设置 IE 的常规选项

考点级别：★★★

考试分析：

该考点考核概率较大，考题通常都围绕"Internet 选项"对话框中的"常规"选项卡中的各项设置。

操作方式

方式	菜单	鼠标左键	右键菜单	快捷键	其他方式
类别	【工具】→【Internet 选项】				

真 题 解 析

◇题 目 1：将当前网页设置成 IE 的主页。

◇考查意图：该题考核如何设置主页。

◇操作方法：

1 打开 IE 浏览器，在"地址"栏中输入"www.oeoe.com"，按 Enter 键。

2 选择【工具】→【Internet 选项】菜单命令，打开"Internet 选项"对话框，如图 3-56 所示。

3 在"常规"选项卡的"主页"栏中单击 使用当前页(C) 按钮，当前网页的网址自动出现在"地址"文本框中，单击 确定 按钮，如图 3-57 所示。

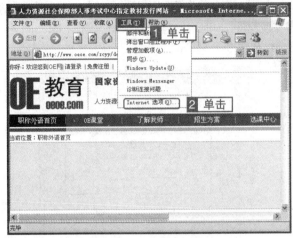 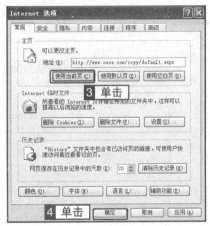

图 3-56　菜单栏命令　　　　　　　　　图 3-57　"常规"选项卡

◇**题 目 2**：将 Internet 临时文件夹移动到 D 盘，并设置大小为 400MB。

◇**考查意图**：该题考核如何设置 Internet 临时文件夹。

◇**操作方法**：

1 打开 IE 浏览器，选择【工具】→【Internet 选项】菜单命令，打开"Internet 选项"对话框。

2 在"常规"选项卡的"Internet 临时文件"栏中单击 设置(S)... 按钮，打开"设置"对话框。

3 在"Internet 临时文件夹"栏中的"使用的磁盘空间"数值框中输入"400"，单击 移动文件夹(M)... 按钮，打开"浏览文件夹"对话框，如图 3-58 所示。

4 在列表框中选择 D 盘，单击 确定 按钮，如图 3-59 所示。

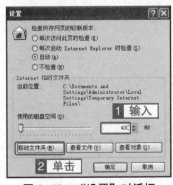 

图 3-58　"设置"对话框　　　　　　　图 3-59　"浏览文件夹"对话框

◇**题 目 3**：删除 Internet 临时文件。

◇**考查意图：**该题考核如何删除 Internet 临时文件。

◇**操作方法：**

1 打开 IE 浏览器，选择【工具】→【Internet 选项】菜单命令，打开 "Internet 选项" 对话框。

2 在 "常规" 选项卡的 "Internet 临时文件" 栏中单击 删除文件(F)... 按钮，打开 "删除文件" 对话框，选中 "删除所有脱机内容" 复选框，单击 确定 按钮。返回 Internet 选项" 对话框，单击 确定 按钮，如图 3-60 和图 3-61 所示。

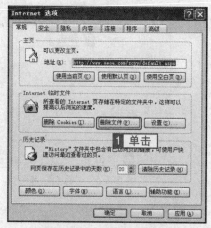

图 3-60　"常规" 选项卡

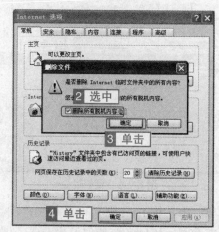

图 3-61　"删除文件" 对话框

3.4.2　历史记录的设定

考点级别：★★★

考试分析：

> 该考点考核概率较大，由于考点简单，考试时经常与其他考点结合起来一起考。

操作方式

方式	菜单	鼠标左键	右键菜单	快捷键	其他方式
类别	【工具】→【Internet 选项】				

真 题 解 析

◇**题　　目：**设置网页在历史记录中保存的天数为 5 天，并清空历史记录。

◇**考查意图：**该题考核如何设置历史记录。

◇**操作方法：**

1 打开 IE 浏览器，选择【工具】→【Internet 选项】菜单命令，打开 "Internet 选项" 对话框。

2 在 "常规" 选项卡的 "历史记录" 栏中，单击 清除历史记录(H) 按钮，打开 "Internet 选项" 提示框，单击 是(Y) 按钮，如图 3-62 和图 3-63 所示。

3 在"常规"选项卡的"历史记录"栏的"网页保存在历史记录中的天数"数值框中输入"5",单击 确定 按钮,如图 3-63 所示。

图 3-62　"Internet 选项"对话框

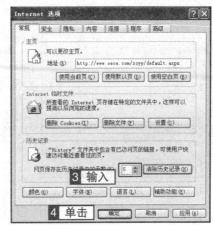

图 3-63　"常规"选项卡

3.4.3　设置 Internet 连接方式

考点级别：★ ★ ★
考试分析：

> 该考点考核概率较大。考试通常会考"拨号和虚拟专用网络设置"和"局域网(LAN)设置"两种方式其中一种。

操作方式

方式	菜单	鼠标左键	右键菜单	快捷键	其他方式
类别	【工具】→【Internet 选项】				

真 题 解 析

◇**题 目 1**：在采用"拨号和虚拟专用网络设置"下添加一个新的宽带连接。
◇**考查意图**：该题考核如何添加宽带连接。
◇**操作方法**：

1 打开 IE 浏览器,选择【工具】→【Internet 选项】菜单命令,打开"Internet 选项"对话框。

2 单击"连接"选项卡,在"拨号和虚拟专用网络设置"栏中,单击 添加(D)... 按钮,打开"新建连接向导"对话框。选中"通过宽带连接到网络"单选框,单击 下一步(N) > 按钮,如图 3-64 和图 3-65 所示。

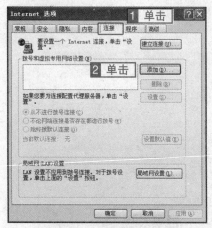

图 3-64　"连接"选项卡

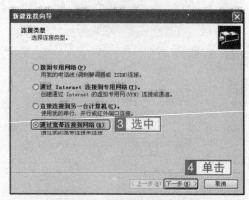

图 3-65　"连接类型"对话框

3 单击 完成 按钮，将打开"宽带连接 设置"对话框，在"拨号设置"栏中分别输入用户名和密码，单击 确定 按钮，如图 3-66 和图 3-67 所示。

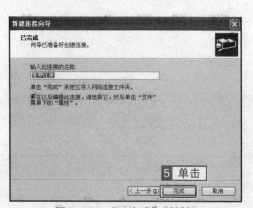

图 3-66　"已完成"对话框

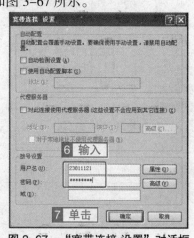

图 3-67　"宽带连接 设置"对话框

4 返回到"连接"选项卡，单击 确定 按钮。

◇**题 目 2**：为 IE 浏览器设置代理服务器，地址为"192.168.0.111"，端口为"808"，并且对本地地址不使用代理服务器。

◇**考查意图**：该题考核如何用 IE 浏览器设置代理服务器。

◇**操作方法**：

1 打开 IE 浏览器，选择【工具】→【Internet 选项】菜单命令，打开"Internet 选项"对话框。

2 单击"连接"选项卡，在"局域网(LAN)设置"栏中单击 局域网设置(L)… 按钮，打开"局域网(LAN)设置"对话框，如图 3-68 所示。

3 在"代理服务器"栏中选中"为 LAN 使用代理服务器"复选框，在"地址"文本框中输入"192.168.0.111"，在"端口"文本框中输入"808"，选中"对本地地址不使用代理服务器"复选框，单击 确定 按钮，如图 3-69 所示。

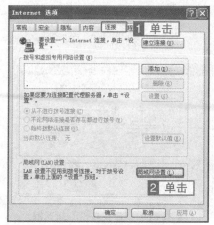

图 3-68　"连接"选项卡

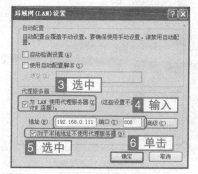

图 3-69　"局域网(LAN)设置"对话框

3.4.4　利用 IE 浏览器使用 FTP 资源

考点级别：★
考试分析：

> 该考点考核概率较小，但也有考核的可能。

操作方式

方式	菜单	工具栏	右键菜单	快捷键	其他方式
类别		地址栏			

真 题 解 析

◇**题　　目**：通过 IE 浏览器的地址栏以"oeoe"为用户名，"123456"为密码登录 FTP
服务器（ftp://192.168.0.127），并将名为"计算机考试"的文件夹下载到"我的文档"文
件夹中。

◇**考查意图**：该题考核如何利用 IE 浏览器使用 FTP 资源。

◇**操作方法**：

1 启动 IE 浏览器，在"地址"栏中输入"ftp://192.168.0.127"，单击 [→ 转到] 按钮，如
图 3-70 所示。

2 弹出"登录身份"对话框，在"用户名"文本框中输入"oeoe"，在"密码"文本
框中输入"123456"，单击 [登录(L)] 按钮，如图 3-71 所示。

3 在"计算机考试"文件夹上单击鼠标右键，在弹出的快捷菜单中选择【复制】菜
单命令。再单击"其它位置"窗格中"我的文档"超链接，如图 3-72 所示。

4 在"我的文档"空白处单击鼠标右键，在弹出的快捷菜单中选择【粘贴】菜单命
令，如图 3-73 所示。

图 3-70　输入地址

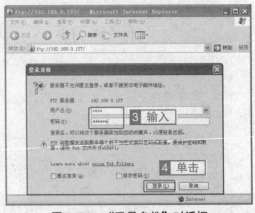

图 3-71　"登录身份"对话框

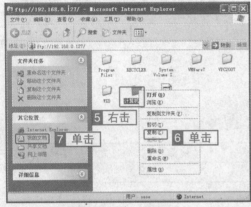

图 3-72　右键菜单命令 1

图 3-73　右键菜单命令 2

3.4.5　不同站点的安全等级

考点级别：★

考试分析：

> 该考点考核概率较小，但其相关操作较多，考题类型也较多。

操作方式

方式	菜单	鼠标左键	右键菜单	快捷键	其他方式
类别	【工具】→【Internet 选项】				

真 题 解 析

◇题 目 1：将本地 Intranet 的安全级别设置成默认级别。

◇考查意图：该题考核如何设置本地 Intranet 的安全级别。

◇操作方法：

1 打开 IE 浏览器，选择【工具】→【Internet 选项】菜单命令，打开"Internet 选项"对话框。

2 单击"安全"选项卡，在"请为不同域的 Web 内容指定安全设置"列表中选择"Intranet"区域，单击 默认级别(D) 按钮。再单击 确定 按钮，如图 3-74 所示。

◇**题 目 2**：在 IE 浏览器中，请将 Internet 区域内站点的安全级别设置为"禁止 ActiveX 控件和插件运行"。

◇**考查意图**：该题考核如何禁止 ActiveX 控件和插件运行。

◇**操作方法**：

1 打开 IE 浏览器，选择【工具】→【Internet 选项】菜单命令，打开"Internet 选项"对话框。

2 单击"安全"选项卡，在"请为不同域的 Web 内容指定安全设置"列表中选择"Internet"区域，单击 自定义级别(C)... 按钮，如图 3-75 所示。

3 打开"安全设置"对话框，拖动"设置"列表框右侧的滚动条，在"禁止 ActiveX 控件和插件运行"选项下面选中"禁用"单选框，单击 确定 按钮，如图 3-76 所示。

4 弹出"警告"对话框，单击 是(Y) 按钮。返回到"Internet 选项"对话框，单击 确定 按钮，如图 3-77 所示。

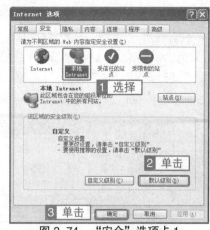

图 3-74　"安全"选项卡 1

图 3-75　"安全"选项卡 2

图 3-76　"安全设置"对话框

图 3-77　"警告"对话框

◇**题 目 3**：将网站 www.oeoe.com 设置成受信任站点。

◇**考查意图**：该题考核如何设置受信任站点。

◇**操作方法**：

1 打开 IE 浏览器，选择【工具】→【Internet 选项】菜单命令，打开"Internet 选项"

对话框。

2 单击"安全"选项卡，在"请为不同域的 Web 内容指定安全设置"列表中选择"受信任的站点"区域，单击 站点(S)... 按钮，如图 3-78 所示。

3 打开"可信站点"对话框，在"将该网站添加到区域中"文本框中输入"https://www.oeoe.com"，单击 添加(A) 按钮，再单击 确定 按钮，如图 3-79 所示。

图 3-78 "安全"选项卡

图 3-79 "可信站点"对话框

3.4.6 分级审查程序

考点级别：★

考试分析：

该考点考核概率较小，通常的命题方式为启用分级审查程序并将某个网站设置为许可站点。

操作方式

方式	菜单	鼠标左键	右键菜单	快捷键	其他方式
类别	【工具】→【Internet 选项】				

真 题 解 析

◇题　　目：通过内容审查程序将 www.oeoe.com 网站设置为许可站点。

◇考查意图：该题考核如何设置许可站点。

◇操作方法：

1 打开 IE 浏览器，选择【工具】→【Internet 选项】菜单命令，打开"Internet 选项"对话框。

2 单击"内容"选项卡，在"分级审查"栏中单击 启用(E)... 按钮，打开"内容审查程序"对话框，如图 3-80 所示。

3 单击"许可站点"选项卡，在"允许该网站"文本框中输入"www.oeoe.com"，单

击 始终(W) 按钮，如图 3-81 所示。

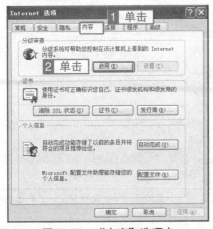

图 3-80　"内容"选项卡

图 3-81　"许可站点"选项卡

4 该网站被添加到"许可和未许可得网站列表"列表框中，单击 确定 按钮。

3.4.7　设置 Internet 程序

考点级别：★

考试分析：

> 该考点考核概率较小，题目也比较简单，容易得分。

操作方式

方式	菜单	鼠标左键	右键菜单	快捷键	其他方式
类别	【工具】→【Internet 选项】				

真 题 解 析

◇**题　　目**：请将 IE 设置成在打开 E-mail 链接时，使用的默认程序是 Microsoft Office Outlook。

◇**考查意图**：该题考核如何设置电子邮件的默认程序。

◇**操作方法**：

1 打开 IE 浏览器，选择【工具】→【Internet 选项】菜单命令，打开"Internet 选项"对话框。

2 单击"程序"选项卡，在"Internet 程序"栏中的"电子邮件"下拉列表框中选择"Microsoft Office Outlook"选项。单击 确定 按钮，如图 3-82 所示。

图 3-82　"程序"选项卡

3.5　设置 IE 浏览器外观

3.5.1　设置工具栏的外观

考点级别： ★

考试分析：

> 该考点考核概率较小，通常命题方式多样化。

操作方式

方式	菜单	鼠标左键	右键菜单	快捷键	其他方式
类别	【查看】→【工具栏】				

真 题 解 析

◇**题 目 1**：在工具栏中的"前进"和"停止"按钮之间加入一条分隔符。

◇**考查意图**：该题考核如何自定义工具栏。

◇**操作方法**：

　　1 打开 IE 浏览器，选择【查看】→【工具栏】→【自定义】菜单命令，打开"自定义工具栏"对话框，如图 3-83 所示。

　　2 在"当前工具栏按钮"列表框中选择"停止"选项，在"可用工具栏按钮"列表框中选择"分隔符"选项，单击 添加(A) -> 按钮，再单击 关闭(C) 按钮，如图 3-84 所示。

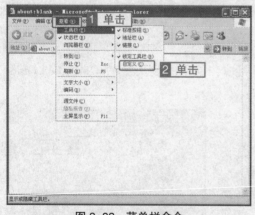

图 3-83　菜单栏命令

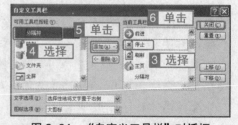

图 3-84　"自定义工具栏"对话框

◇**题 目 2**：请设置在 IE 浏览器上不显示"标准按钮"工具栏。

◇**考查意图**：该题考核如何隐藏工具栏。

◇**操作方法**：

　　打开 IE 浏览器，选择【查看】→【工具栏】→【标准按钮】菜单命令，去掉"标准按钮"前的钩，这时 IE 浏览器上将不显示"标准按钮"工具栏，如图 3-85 所示。

图 3-85　菜单栏命令

3.5.2　设置网页字体和背景颜色

考点级别： ★

考试分析：

该考点考核概率较小，但也有考核的可能。

操作方式

方式	菜单	鼠标左键	右键菜单	快捷键	其他方式
类别	【工具】→【Internet 选项】				

真 题 解 析

◇**题 目 1：** 设置在查看当前网页中访问过的链接为"红色"，未访问过的链接为"蓝色"。

◇**考查意图：** 该题考核如何设置颜色。

◇**操作方法：**

1 打开 IE 浏览器，选择【工具】→【Internet 选项】菜单命令，打开"Internet 选项"对话框。

2 在"常规"选项卡中单击 颜色(O)... 按钮，打开"颜色"对话框，如图 3-86 和图 3-87 所示。

3 在"链接"栏中，单击"访问过的"按钮，打开"颜色"对话框。在"基本颜色"栏中选择"红色"色块。单击"未访问过的"按钮，打开"颜色"对话框。在"基本颜色"栏中选择"蓝色"色块。单击 确定 按钮，如图 3-88 和图 3-89 所示。

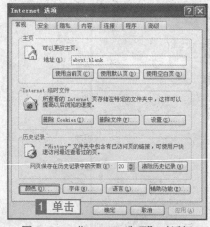

图 3-86 "Internet 选项"对话框

图 3-87 "颜色"对话框 1

图 3-88 "颜色"对话框 2

图 3-89 选择后的"颜色"对话框

◇**题 目 2**：设置在 IE 浏览器不使用网页中指定的字体大小。

◇**考查意图**：该题考核如何设置辅助功能。

◇**操作方法**：

1 打开 IE 浏览器，选择【工具】→【Internet 选项】菜单命令，打开"Internet 选项"对话框。

2 在"常规"选项卡中单击 辅助功能(E)... 按钮，打开"辅助功能"对话框，选中"不使用网页中指定的字体大小"复选框。单击 确定 按钮，如图 3-90 和图 3-91 所示。

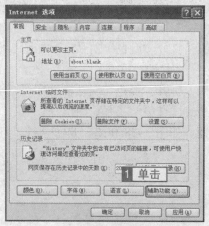

图 3-90 "Internet 选项"对话框

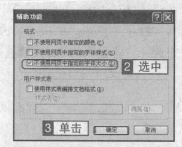

图 3-91 "辅助功能"对话框

3.5.3　加快网页的显示速度

考点级别：★
考试分析：

> 该考点考核概率较小，但也有考核的可能。

操作方式

方式	菜单	鼠标左键	右键菜单	快捷键	其他方式
类别	【工具】→【Internet 选项】				

真 题 解 析

◇**题　　目：**请将 IE 设置成浏览时不播放网页中的动画。

◇**考查意图：**该题考核如何禁止网页中播放动画。

◇**操作方法：**

❶打开 IE 浏览器，选择【工具】→【Internet 选项】菜单命令，打开"Internet 选项"对话框。

❷单击"高级"选项卡，在"设置"列表框中的"多媒体"项下取消选中"播放网页中的动画"复选框。单击 确定 按钮，如图 3-92 所示。

图 3-92　"高级"选项卡

本章考点及其对应操作方式一览表

考点	考频	操作方式
打开指定网页	★★★	【文件】→【打开】
新窗口浏览网页	★★★	【文件】→【新建】→【窗口】
打开已浏览过的网页	★★★	收藏夹
脱机浏览网页	★★★	【文件】→【脱机工作】
查看不同语言编写的网页	★★★	【查看】→【编码】
保存网页	★★★	【文件】→【另存为】
保存图片和文字	★★★	【编辑】→【复制】【编辑】→【粘贴】
打印网页和图片	★★★	【文件】→【打印】
收藏夹的使用	★★★	【收藏】→【添加到收藏夹】
收藏夹的整理	★★★	【收藏】→【整理收藏夹】
收藏夹的导入与导出	★	【文件】→【导入和导出】
搜索资源	★★★	地址栏
使用搜索引擎	★★★	地址栏
设置 IE 的常规选项	★★★	【工具】→【Internet 选项】
历史记录的设定	★★★	【工具】→【Internet 选项】
设置 Internet 连接方式	★★★	【工具】→【Internet 选项】
利用 IE 浏览器使用 FTP 资源	★	地址栏
不同站点的安全等级	★	【工具】→【Internet 选项】
分级审查程序	★	【工具】→【Internet 选项】
设置 Internet 程序	★	【工具】→【Internet 选项】
设置工具栏的外观	★	【查看】→【工具栏】
设置网页字体和背景颜色	★	【工具】→【Internet 选项】
加快网页的显示速度	★	【工具】→【Internet 选项】

通　关　真　题

CD　注：以下测试题可以通过光盘【实战教程】→【通关真题】进行测试。

第 1 题　在当前状态下，打开 IE 浏览器并显示默认网页。

第 2 题　请利用鼠标和标准按钮工具栏的操作重新访问刚才浏览过程中访问过的"国家资格考试在线培训网"网页。

第 3 题　这是一个显示不完整的网页，请通过适当的操作使其显示完整。

第 4 题　请将本网页中的图片设置为计算机桌面背景图片。

第 5 题　用繁体中文查看当前的网页。

第 6 题　请利用 Windows 的桌面快捷方式打开 IE 浏览器并显示默认网页。

第 7 题　在当前界面中浏览 ftp://ftp.oeoe.com。

第 8 题　请打开系统默认的主页，并将该主页设置成从登录计算机时该网页和网络上的数据同步。

第 9 题　将当前网页的链接以电子邮件方式发送到 xxx@oeoe.com。

第 10 题　打印当前浏览的网页。

第 11 题　请打印当前网页，设置纸张大小为 B5。

第 12 题　通过"打印预览"更改网页的外观，要求设置成 A4 的纸，上下边距为 15 毫米。

第 13 题　将当前网页和网页中的所有链接网页一并打印。

第 14 题　设置当前网页打印时的页眉参数为"当前页码/网页总数"。

第 15 题　打印当前页面的第 2 页至第 3 页。

第 16 题　在当前 IE 浏览器中，利用对话框登录域名为：ftp.oeoe.com 的 FTP 服务器。

第 17 题　通过运行命令，打开服务器域名为：ftp.oeoe.com 用户名为：oeoe，密码为：oeoe123 的站点。

第 18 题　现已登录域名为 192.168.0.131，用户名为 lqq，密码为 123 的站点，通过右键快捷菜单下载"fly"文件夹到"我的文档"文件夹。

第 19 题　先通过鼠标操作，利用 Google 搜索引擎的高级搜索功能以关键语句"关于 2010 年 11 月省直考区全国计算机应用能力考试工作安排通知"为检索句，搜索过去三个月简体中文信息。

第 20 题　将当前打开的网页的网址添加到收藏夹中，并设置其允许脱机浏览。

第 21 题　请用菜单和鼠标操作，将收藏夹中的"网易首页"设置成允许脱机浏览，且下载的网页层数为 3 层。

第 22 题　在 IE 浏览器中利用菜单操作打开收藏夹中保存的"OE 教育"链接对应的网站。

第 23 题　请将收藏夹"链接"中的已收藏的网页"OE 教育"删除。

第 24 题　通过整理收藏夹向收藏夹中创建一个新文件夹，命名为"考试类"。

Internet 应用 5 日通题库版

第 25 题　请在 IE 浏览器的收藏夹中创建一个名为"新闻"的文件夹。

第 26 题　通过整理收藏夹，将"百度"移至文件夹"链接"中的"搜索类"下。

第 27 题　通过整理收藏夹，设置"OE 教育"允许脱机使用。

第 28 题　将"OE 教育"链接在能脱机情况下设置其"仅在执行'工具'菜单的'同步'命令时同步"。

第 29 题　通过整理收藏夹，设置允许"OE 教育"脱机使用属性中设置"下载与该页链接的第一层网页"，并设置该页"可以使用的硬盘空间为 150KB"。

第 30 题　在整理收藏夹中，对"OE 教育"(当前选中的网页)允许脱机使用属性中设置下载网页时不下载"声音和视频"。

第 31 题　在整理收藏夹中，对"OE 教育"允许脱机使用的情况下，将其图标设置成信封样式。

第 32 题　将辽宁人事考试网设为脱机浏览。

第 33 题　请将国家资格考试在线培训网的主页(网址为:http://www.oeoe.com/)添加到收藏夹的"职称考试"文件夹中并命名为"OE 教育"。

第 34 题　请在 IE 浏览器中，建立一个新的"一直在线的宽带连接"。

第 35 题　在 Internet 选项中将宽带连接设为默认连接，并能够"自动检测设置"。

第 36 题　为 IE 浏览器的默认的"拨号连接"，设置用户名为"admin"，密码为"123456"。

第 37 题　请将上网浏览使用的默认浏览器设置为 IE，并不修改原先浏览时设置使用的主页。

第 38 题　设置 Internet 临时文件占用磁盘空间为 80MB，并设置其每次自动检查所存网页的较新版本。

第 39 题　删除 Internet 临时文件中的所有脱机内容。

第 40 题　将 IE 浏览器的默认连接设置成使用局域网。

第 41 题　请利用"Internet"选项查看临时文件夹中的文件，并将其中的"模拟考试"文件进行删除。

第 42 题　请将 IE 浏览器设置成当发送电子邮件时使用的联系人列表程序是通讯簿。

第 43 题　请将本地 Intranet 设置成用户登录时自动使用当前用户名和密码登录。

第 44 题　将 IE 浏览器的主页和搜索页还原为最初的默认设置，并重置主页。

第 45 题　设置 IE 浏览器，对打开网页后让 Windows 记住的密码进行清除。

第 46 题　设置 IE 浏览器使其可以保存以前建立的"Web 地址"，"表单上的用户名和密码"，使用户在此输入相同的信息时，可以简化和自动完成信息的输入。

第 47 题　将 IE 浏览器设置成当文件下载完后发出通知。

第 48 题　在 IE 浏览器中启用图像工具栏。

第 49 题　在 IE 浏览器中设置允许脱机项目按计划同步，并显示友好的 URL。

第 50 题　请将 IE 浏览器收藏夹中的所有信息导出到文件"我的收藏.htm"中，文件存储在系统默认的位置。

第 51 题　浏览器中显示的是"中国人事考试网"首页，请在显示的网页中找到"专业技术人员计算机应用能力考试"条目，并通过打开一个新的浏览器窗口的方法查看其中的信息。

第 52 题　请将浏览器显示的网页背景颜色改为红色。

第 53 题　设置显示网页文本的字体时不使用网页中指定的颜色。

第 54 题　请将 IE 浏览器的连接方式设置成从不拨号连接的方式。

第 55 题　请将"我的文档"中的"我的收藏.htm"文件导入 IF 的收藏夹中。

第 56 题　请为 IE 浏览器的语言列表中添加使用台湾字的功能。

第 57 题　请将浏览器的起始页设定为空白页，并查看效果。

第 58 题　重新设置 IE 的"自动完成"功能，使之能够自动完成表单上的用户名和密码。

第 59 题　请将 IE 浏览器的 Internet 高级选项设置恢复成默认值。

第 60 题　请将 IE 浏览器的 Internet 高级选项设置成"关闭浏览器时清空 Internet 临时文件夹"。

第 61 题　请将 IE 浏览器设置成在启动时检查其是否为默认的浏览器。

第 62 题　将 IE 浏览器自带的搜索设置成"使用搜索助手"查找网页。

第 63 题　从地址栏中输入"Internet"来搜索包含"Internet"单词的网页。

第 64 题　请将 IE 浏览器的搜索功能设置为输入时提供搜索字词的建议。

第 65 题　从当前状态利用 Google 搜索引擎查找包含"网上信息资源库"的网页，在查找此短语时要精确匹配。

第 66 题　在当前的状态下利用百度搜索引擎，通过拼音来搜索包括"职称"的网页。

第 67 题　用百度搜索引擎搜索"什么是拓扑结构"，如果不能打开当前搜索到的第一个网站，就将此网页关闭，只查看该网站发布的包含关键字的信息。

第 68 题　请利用百度搜索引擎，搜索中国有关印度洋海啸的图片报道（使用关键词：中国，印度洋海啸）。

第 69 题　利用 Google 计算数学式：ln2*2^2。

第 70 题　利用百度搜索"辽宁新闻"，设定搜索结果每页显示 20 条。

第 71 题　请利用 IE 浏览器的地址栏搜索功能，搜索同时包含"人事"、"考试"、"计算机"三个关键词的网页，并打开搜索结果中的"辽宁人事考试网"。

第 72 题　利用百度搜索引擎搜索包含关键字"计算机软件测试的方法"的网页，并设定搜索的网页中要包含"测试前的准备工作"的完整关键词。

第 73 题　通过鼠标操作，利用 Google 的高级图片搜索功能，搜索有关"三峡大坝"的"卫星照片"。

第 74 题　在 www.oeoe.com 网站中搜索包含关键字为"公务员考试"的网页。

第 75 题　请通过鼠标操作，利用百度搜索引擎的高级搜索功能，以关键语句"2011 年度专业技术人员资格考试工作计划"为检索句，搜索近一个月发表的简体中文信息。使用 IE 浏览器，以匿名方式登录中国经济信息网 FTP 服务器（网址是 ftp://ftp.cei.gov.cn/）。

第4章 收发电子邮件

本章考点

掌握的内容★★★

启动 Outlook Express

设置常规选项

设置阅读邮件选项

设置发送邮件选项

设置撰写邮件选项

添加邮件帐号

设置邮件帐号属性

撰写新邮件

发送新邮件

为电子邮件添加附件

接收电子邮件

查看电子邮件

保存电子邮件

答复和转发电子邮件

复制和移动电子邮件

管理邮件文件夹

添加联系人和组

导入与导出通讯簿

熟悉的内容★★

改变 Outlook Express 窗口布局

运用邮件规则对邮件进行管理

设置邮件安全选项

设置拼写检查选项

制作 HTML 邮件

了解的内容★

设置电子邮件预览窗格

设置邮件视图显示方式

设置回执邮件选项

设置维护邮件选项

查找电子邮件

查找联系人

4.1 设置 Outlook Express

4.1.1 启动 Outlook Express

考点级别： ★★★

考试分析：

该考点虽然是要求掌握的考点，但其操作非常简单，因此考核的概率较小。

操作方式：

方式	菜单	鼠标左键	右键菜单	快捷键	其他方式
类别	【开始】→【所有程序】				

真 题 解 析

◇题　　目：通过"开始"菜单启动 Outlook Express。

◇考查意图：该题考核如何启动 Outlook Express。

◇操作方法：

　　单击  按钮，在弹出的菜单中选择【所有程序】→【Outlook Express】菜单命令，如图 4-1 所示。

图 4-1　　"开始"菜单

4.1.2　改变 Outlook Express 窗口布局

考点级别：★ ★

考试分析：

　　该考点是要求考生熟悉的考点，但却是经常考的内容。

操作方式

方式	菜单	鼠标左键	右键菜单	快捷键	其他方式
类别	【查看】→【布局】				

真 题 解 析

◇题 目 1：在当前状态下向 Outlook Express 界面布局中添加"视图栏"列表，并取消"联系人"列表。

◇考查意图：该题考核如何更改 Outlook Express 界面布局。

◇操作方法：

　1 打开 Outlook Express 窗口，选择【查看】→【布局】菜单命令，打开"窗口布局属性"对话框，如图 4-2 所示。

　2 选中"视图栏"复选框，取消选中"联系人"复选框，单击 确定 按钮，如图 4-3 所示。

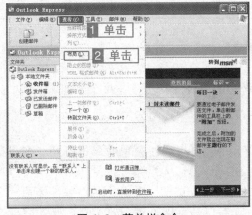

图 4-2　菜单栏命令

图 4-3　　"窗口布局 属性"对话框

◇**题 目 2**：在 Outlook Express 工具栏上添加"帮助"按钮图标。

◇**考查意图**：该题考核如何自定义工具栏。

◇**操作方法**：

1 打开 Outlook Express 窗口，选择【查看】→【布局】菜单命令，打开"窗口布局属性"对话框。

2 在"基本"栏中单击 自定义工具栏(C)... 按钮，打开"自定义工具栏"对话框，如图 4-4 所示。

3 在"可用工具栏按钮"列表框中选择"帮助"选项，单击 添加(A) -> 按钮，将其添加到"当前工具栏按钮"列表框中。单击 关闭(C) 按钮，如图 4-5 所示。

图 4-4 "窗口布局 属性"对话框   图 4-5 "自定义工具栏"对话框

4.1.3 设置电子邮件预览窗格

考点级别：★

考试分析：

> 该考点考核概率较小，命题比较简单。

操作方式

方式	菜单	鼠标左键	右键菜单	快捷键	其他方式
类别	【查看】→【布局】				

真 题 解 析

◇**题   目**：在 Outlook Express 中，把预览窗格由"在邮件下边"改为设置"在邮件旁边"。

◇**考查意图**：该题考核如何显示预览窗格。

◇**操作方法**：

1 打开 Outlook Express 窗口，选择【查看】→【布局】菜单命令，打开"窗口布局属性"对话框。

2 在"预览窗格"栏中选中"显示预览窗格"复选框，并选中"在邮件旁边"单选框，单击 确定 按钮。返回 Outlook Express 窗口，可以看到预览窗格已经在邮件旁边了，如图 4-6 和图 4-7 所示。

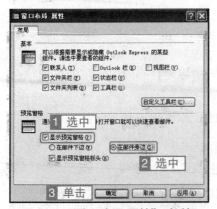

图 4-6 "窗口布局 属性"对话框

图 4-7 "在邮件旁边"显示预览窗格

4.1.4 设置邮件视图的显示方式

考点级别：★

考试分析：

该考点的考核概率较小，有关基本视图的考题比较简单，而有关其他视图的操作比较复杂。

操作方式

方式	菜单	鼠标左键	右键菜单	快捷键	其他方式
类别	【查看】→【当前视图】				

真 题 解 析

◇**题 目 1**：在 Outlook Express 中，将当前的邮件视图设置为"隐藏已读或已忽略的邮件"。

◇**考查意图**：该题考核如何设置隐藏已读或已忽略的邮件。

◇**操作方法**：

打开 OutlookExpress 窗口，选择【查看】→【当前视图】→【隐藏已读或已忽略的邮件】菜单命令，如图 4-8 所示。

图 4-8 菜单栏命令

◇**题 目 2**：在 Outlook Express 中定义一个新的名为"带附件"邮件视图，仅显示带附件的邮件。

◇**考查意图**：该题考核如何自定义视图。

◇**操作方法**：

1 打开 Outlook Express 窗口，选择【查看】→【当前视图】→【定义视图】菜单命令，打开"定义视图"对话框，如图 4-9 所示。

2 单击 新建(N)... 按钮，打开"新建视图"对话框，如图 4-10 所示。

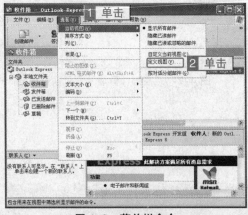

图 4-9 菜单栏命令

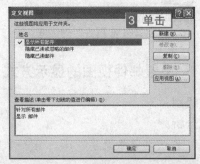

图 4-10 "定义视图"对话框

3 在"1.选择视图条件"列表框中选中"若邮件带有附件"复选框，如图 4-11 所示。

4 在"2.查看描述"栏中单击"显示 / 隐藏"超链接，打开"显示 / 隐藏邮件"对话框，选中"显示邮件"单选框，在"3.视图名称"文本框中输入"带附件"。单击 确定 按钮。返回"新建视图"对话框，单击 确定 按钮，如图 4-11 和图 4-12 所示。

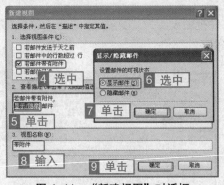

图 4-11 "新建视图"对话框

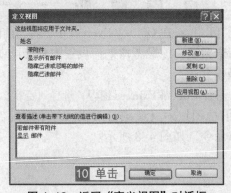

图 4-12 返回"定义视图"对话框

4.1.5 运用邮件规则对邮件进行管理

考点级别：★★★

考试分析：

该考点的考核概率较大，考试时考生必须跟着操作流程操作才能完成考题。在操作时单击某个地方没有反应时，应快速尝试其他地方。

操作方式

方式	菜单	鼠标左键	右键菜单	快捷键	其他方式
类别	【工具】→【邮件规则】				

真 题 解 析

◇**题 目 1**：新建规则，若邮件"主题"行包含特定的词—方法，则停止处理其他规则。

◇**考查意图**：该题考核如何新建邮件规则。

◇**操作方法**：

1 打开 Outlook Express 窗口，选择【工具】→【邮件规则】→【邮件】菜单命令，打开"邮件规则"对话框，单击 新建(N)... 按钮，打开"新建邮件规则"对话框，如图 4–13 和图 4–14 所示。

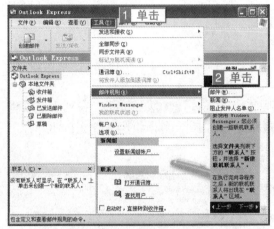

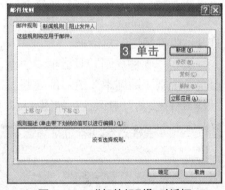

图 4–13　菜单栏命令　　　　　　　　　图 4–14　"邮件规则"对话框

2 在"1.选择规则条件"列表中选中"若'主题'行中包含特定的词"复选框，在"2.选择规则操作"列表中选中"停止处理其它规则"复选框，如图 4–15 所示。

3 在"3.规则描述"列表中，单击"包含特定的词"超链接。弹出"键入特定文字"对话框。在文本框中输入"方法"，单击 添加(A) 按钮。再单击 确定 按钮，如图 4–15 和图 4–16 所示。

4 返回"新建邮件规则"对话框，单击 确定 按钮。返回到"邮件规则"对话框，单击 确定 按钮。

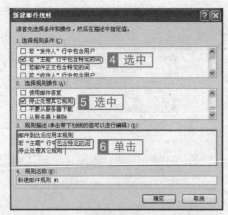

图 4-15 "新建邮件规则"对话框   图 4-16 "键入特定文字"对话框

◇**题 目 2**：对邮件规则中名为"规则 1"的邮件规则进行复制，并将复制后的规则改为若邮件带有附件则不要从服务器上下载。

◇**考查意图**：该题考核如何复制并更改邮件规则。

◇**操作方法**：

1 打开 Outlook Express 窗口，选择【工具】→【邮件规则】→【邮件】菜单命令，打开"邮件规则"对话框。

2 在"邮件规则"对话框中，选择"规则 1"，单击 复制(C) 按钮，在列表框中将出现"规则 1 的副本"的邮件规则。选中"规则 1 的副本"，单击 修改(M)... 按钮，弹出"编辑邮件规则"对话框，如图 4-17 和图 4-18 所示。

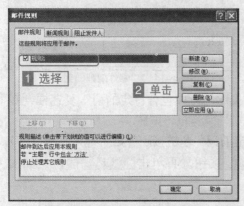

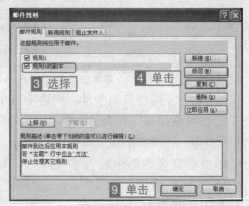

图 4-17 "邮件规则"对话框   图 4-18 复制后的"邮件规则"对话框

3 在"1.选择规则条件"列表中取消选中"若邮件正文包含特定的词"复选框，选中"若邮件带有附件"复选框。在"2.选择规则操作"列表中选中"不要从服务器下载"复选框。单击 确定 按钮，如图 4-19 和图 4-20 所示。

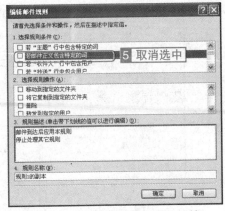

图 4-19　"编辑邮件规则"对话框

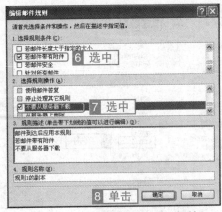

图 4-20　"编辑邮件规则"对话框

4.2　设置 Outlook Express 选项

4.2.1　设置常规选项

考点级别：★★★
考试分析：

　　该考点考核概率较大，操作比较简单，容易得分。

操作方式

方式	菜单	鼠标左键	右键菜单	快捷键	其他方式
类别	【工具】→【选项】				

真 题 解 析

◇**题 目 1：**设置 Outlook Express 在启动时，直接转到"收件箱"文件夹，并自动显示含有未读邮件的文件夹。

◇**考查意图：**该题考核如何设置常规选项。

◇**操作方法：**

　　1 打开 Outlook Express 窗口，选择【工具】→【选项】菜单命令，打开"选项"对话框，如图 4-21 所示。

　　2 在"常规"选项卡的"常规"栏中选中"启动时，直接转到'收件箱'文件夹"复选框，再选中"自动显示含有未读邮件的文件夹"复选框。单击　确定　按钮，如图 4-22 所示。

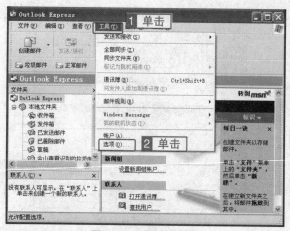

图 4-21 菜单栏命令

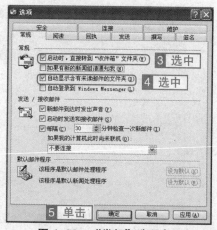

图 4-22 "常规"选项卡 1

◇题 目 2：设置 Outlook Express 使其每隔 15 分钟检查一次新邮件，如有新邮件到达时发出声音。

◇考查意图：该题考核如何设置常规选项。

◇操作方法：

1 打开 Outlook Express 窗口，选择【工具】→【选项】菜单命令，打开"选项"对话框。

2 在"常规"选项卡的"发送/接收邮件"栏中选中"新邮件到达时发出声音"复选框和"每隔 30 ▲ 分钟检查一次新邮件"复选框。并在数值框中输入"15"，单击 确定 按钮，如图 4-23 所示。

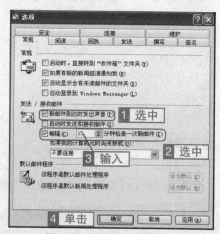

图 4-23 "常规"选项卡 2

4.2.2 设置阅读邮件选项

考点级别：★ ★ ★

考试分析：

该考点考核概率较大，操作也比较简单，只需要按照命题在"选项"对话框的"阅读"选项卡中做相应的操作即可。

操作方式

方式	菜单	鼠标左键	右键菜单	快捷键	其他方式
类别	【工具】→【选项】				

真 题 解 析

◇题 目 1：在 Outlook Express 选项对话框中，设置自动展开组合邮件，并将突出显示被跟踪的邮件标志为"红色"。

◇**考查意图**：该题考核如何设置阅读选项。

◇**操作方法**：

1 打开 Outlook Express 窗口，选择【工具】→【选项】菜单命令，打开"选项"对话框。

2 单击"阅读"选项卡，在"阅读邮件"栏中选中"自动展开组合邮件"复选框，如图 4-24 所示。

3 在"突出显示被跟踪的邮件"下拉列表框中选择"红色"选项，单击 确定 按钮，如图 4-24 所示。

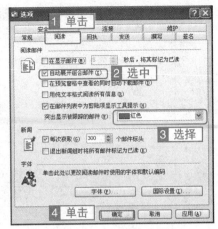

图 4-24 "阅读"选项卡

◇**题 目 2**：设置阅读邮件使用的默认编码为"简体中文"，并将此编码应用于所有接收的邮件。

◇**考查意图**：该题考核如何设置阅读选项。

◇**操作方法**：

1 打开 Outlook Express 窗口，选择【工具】→【选项】菜单命令，打开"选项"对话框。

2 单击"阅读"选项卡，在"字体"栏中单击 字体(F)... 按钮，打开"字体"对话框，如图 4-25 所示。

3 在"字体设置"列表框中选择"简体中文"选项，在"编码"下拉列表框中选择"简体中文(GB2312)"选项，并单击 设为默认值(D) 按钮，单击 确定 按钮，如图 4-26 所示。

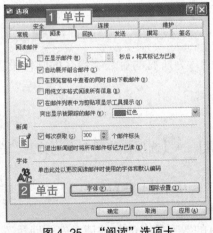

图 4-25 "阅读"选项卡

图 4-26 "字体"对话框

4 返回到"阅读"选项卡，单击 国际设置(I)... 按钮，弹出"邮件阅读国际设置"对话框，选中"为接收的所有邮件使用默认编码"复选框，单击 确定 按钮，如图 4-27 和图 4-28 所示。

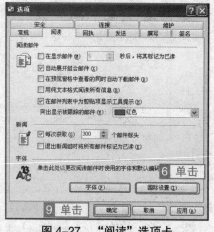

图 4-27　"阅读"选项卡

图 4-28　"邮件阅读国际设置"对话框

5 返回"选项"对话框，单击 确定 按钮。

4.2.3　设置回执邮件选项

考点级别：★
考试分析：

该考点考核概率较小，但也有考核的可能性。

操作方式

方式	菜单	鼠标左键	右键菜单	快捷键	其他方式
类别	【工具】→【选项】				

□ 真 题 解 析

◇题　　目：在 OutLook Express 选项对话框中，为所有的有数字签名的邮件设置请求安全回执。

◇**考查意图**：该题考核如何安全回执。

◇**操作方法**：

1 打开 Outlook Express 窗口，选择【工具】→【选项】菜单命令，打开"选项"对话框。

2 单击"回执"选项卡，在"安全回执"栏中单击 安全回执(S)... 按钮，打开"安全接收选项"对话框，如图 4-29 所示。

3 在"请求安全回执"栏中选中"为所有的数字签名的邮件请求安全回执"复选框，单击 确定 按钮，如图 4-30 所示。

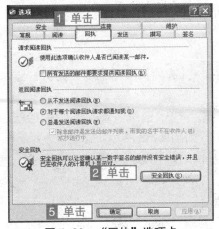

图 4-29　"回执"选项卡

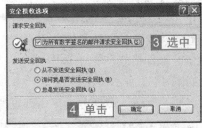

图 4-30　"安全接收选项"对话框

4 返回"选项"对话框，单击 确定 按钮。

4.2.4　设置发送邮件选项

考点级别：★★★

考试分析：

该考点考核概率较大，发送邮件是 Outlook Express 的主要功能之一，因为设置发送邮件选项的操作比较多，所以命题方式也较多。

操作方式

方式	菜单	鼠标左键	右键菜单	快捷键	其他方式
类别	【工具】→【选项】				

真 题 解 析

◇**题 目 1**：在 Outlook Express 的选项对话框中，设置回复邮件中不包含原邮件。

◇**考查意图**：该题考核如何设置发送选项。

◇**操作方法**：

1 打开 Outlook Express 窗口，选择【工具】→【选项】菜单命令，打开"选项"对话框。

2 单击"发送"选项卡，在"发送"栏中取消选中"回复时包含原邮件"复选框，单击 确定 按钮，如图 4-31 所示。

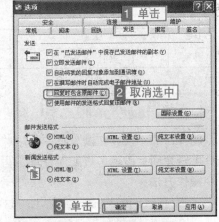

图 4-31　"发送"选项卡

◇**题 目 2**：设置邮件发送格式为纯文本，并允许标头使用8位编码。

◇**考查意图**：该题考核如何设置发送选项。

◇**操作方法**：

1 打开Outlook Express窗口，选择【工具】→【选项】菜单命令，打开"选项"对话框。

2 单击"发送"选项卡，在"邮件发送格式"栏中选中"纯文本"单选框，单击 纯文本设置(F)... 按钮，打开"纯文本设置"对话框，如图4-32所示。

3 在"邮件格式"栏中选中"允许在标头中使用八位编码"复选框，单击 确定 按钮，如图4-33所示。

4 返回"发送"选项卡，单击 确定 按钮。

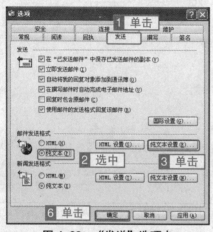

图4-32 "发送"选项卡

图4-33 "纯文本设置"对话框

4.2.5 设置撰写邮件选项

考点级别：★★★

考试分析：

该考点考核概率较大，因为设置撰写邮件选项的操作较多，所以命题方式也很多。

操作方式

方式	菜单	鼠标左键	右键菜单	快捷键	其他方式
类别	【工具】→【选项】				

真 题 解 析

◇**题 目 1**：设置在撰写邮件时用"四号宋体"，并且颜色为"红色"。

◇**考查意图**：该题考核如何设置撰写邮件时的字体和颜色。

◇**操作方法**：

1 打开Outlook Express窗口，选择【工具】→【选项】菜单命令，打开"选项"对话框。

2 单击"撰写"选项卡，在"撰写用字体"栏中的"邮件"文本框右侧单击字体设置(F)... 按钮，打开"字体"对话框，如图 4-34 所示。

3 在"字体"列表框中选择"宋体"选项，在"大小"列表框中选择"四号"选项，在"效果"栏的"颜色"下拉列表框中选择"红色"选项，单击 确定 按钮，如图 4-35 所示。

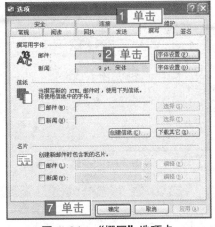

图 4-34 "撰写"选项卡

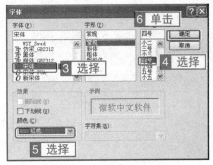

图 4-35 "字体"对话框

◇**题 目 2**：创建一信纸，姓名为"Red"，其中背景图片垂直平铺，字体颜色为"黄色、斜体"，其他选项按默认设置。

◇**考查意图**：该题考核如何创建信纸。

◇**操作方法**：

1 打开 Outlook Express 窗口，选择【工具】→【选项】菜单命令，打开"选项"对话框。

2 单击"撰写"选项卡，在"信纸"栏中单击 创建信纸(C)... 按钮，打开"欢迎使用信纸向导"对话框，如图 4-36 和图 4-37 所示。

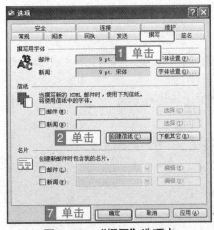

图 4-36 "撰写"选项卡

图 4-37 "欢迎使用信纸向导"对话框

3 单击 下一步(N) > 按钮，打开"背景"对话框，在"平铺"下拉列表框选择"垂直地"选项，单击 下一步(N) > 按钮，如图 4-38 所示。

4 在"字体"对话框中，在"颜色"下拉列表框中选择"黄色"，选中"斜体"复选框。单击 下一步(N) > 按钮，如图 4-39 所示。

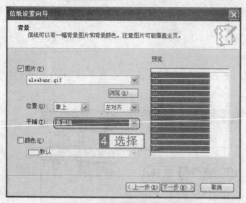

图 4-38 "背景"对话框

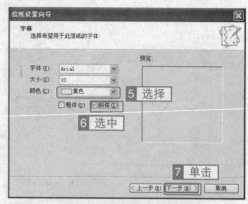

图 4-39 "字体"对话框

5 在"页边距"对话框中单击 下一步(N) > 按钮，打开"完成"对话框，在"姓名"文本框中输入"Red"，单击 完成 按钮，如图 4-40 所示。

6 返回到"撰写"选项卡，单击 确定 按钮。

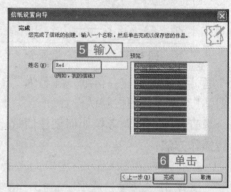

图 4-40 "完成"对话框

◇**题 目 3**：为邮件设置"常春藤"信纸。
◇**考查意图**：该题考核如何设置信纸。
◇**操作方法**：

1 打开 Outlook Express 窗口，选择【工具】→【选项】菜单命令，打开"选项"对话框。

2 单击"撰写"选项卡，在"信纸"栏中选中"邮件"复选框，在其右侧单击 选择(S)... 按钮，打开"选择信纸"对话框，如图 4-41 所示。

3 在列表框中选择"常春藤.htm"选项，单击 确定 按钮，如图 4-42 所示。

4 返回到"撰写"选项卡，单击 确定 按钮。

图 4-41　"撰写"选项卡

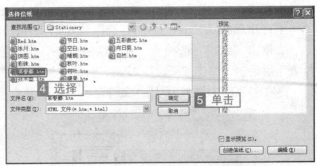

图 4-42　"选择信纸"对话框

4.2.6　设置维护邮件选项

考点级别：★

考试分析：

> 该考点的考核概率较小，但也有考核的可能。

操作方式

方式	菜单	鼠标左键	右键菜单	快捷键	其他方式
类别	【工具】→【选项】				

真 题 解 析

◇**题 目 1**：在 Outlook Express 的"选项"对话框中，设置离开 IMAP 文件夹时清除已删除的邮件。

◇**考查意图**：该题考核如何设置离开 IMAP 文件夹时清除已删除的邮件。

◇**操作方法：**

1 打开 Outlook Express 窗口，选择【工具】→【选项】菜单命令，打开"选项"对话框。

2 单击"维护"选项卡，选中"离开 IMAP 文件夹时清除已删除的邮件"复选框，单击 确定 按钮，如图 4-43 所示。

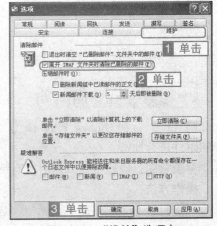

图 4-43　"维护"选项卡

◇**题 目 2**：将邮件的存储位置更改为 D:\Mail 文件夹中。

◇**考查意图**：该题考核如何更改邮件的存储位置。

◇**操作方法**：

1 打开 Outlook Express 窗口，选择【工具】→【选项】菜单命令，打开"选项"对话框。

2 单击"维护"选项卡，在"清除邮件"栏中单击 存储文件夹(F)... 按钮，打开"存储位置"对话框。单击 更改(C)... 按钮，打开"浏览文件夹"对话框，如图 4-44 所示。

3 在列表框中选择 D:\Mail 文件夹，单击 确定 按钮，如图 4-45 所示。

图 4-44 "维护"选项卡和"存储位置"对话框

图 4-45 "浏览文件夹"对话框

4.2.7 设置邮件安全选项

考点级别：★ ★

考试分析：

　　该考点考核概率较小，一般都是根据题目要求选中或取消选中某一个复选框，就可以完成题目。

操作方式

方式	菜单	鼠标左键	右键菜单	快捷键	其他方式
类别	【工具】→【选项】				

真 题 解 析

◇**题 目 1**：在 Outlook Express 的"选项"对话框中进行设置，将所有待发邮件的内容和附件进行加密。

◇**考查意图**：该题考核如何对所有待发邮件内容和附件进行加密。

◇**操作方法**：

1 打开 Outlook Express 窗口，选择【工具】→【选项】菜单命令，打开"选项"对话框。

2 单击"安全"选项卡，选中"对所有待发邮件的内容和附件进行加密"复选框。

单击 确定 按钮，如图 4-46 所示。

◇**题 目 2**：在 OutLook Express 的选项对话框中，将病毒防护所使用的 IE 安全区域设置为 Internet 区域。

◇**考查意图**：该题考核如何使用 IE 浏览器的安全区域。

◇**操作方法**：

1 打开 Outlook Express 窗口，选择【工具】→【选项】菜单命令，打开"选项"对话框。

2 单击"安全"选项卡，选中"Internet 区域(不太安全，但更实用)"单选框。单击 确定 按钮，如图 4-47 所示。

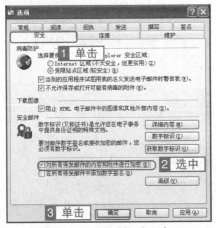

图 4-46　"安全"选项卡 1

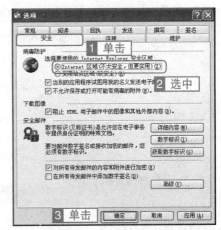

图 4-47　"安全"选项卡 2

4.2.8　设置拼写检查选项

考点级别：★★

考试分析：

> 该考点考核概率较小，命题方式简单，考题操作容易。

操作方式

方式	菜单	鼠标左键	右键菜单	快捷键	其他方式
类别	【工具】→【选项】				

真 题 解 析

◇**题 目 1**：在 Outlook Express 的"选项"对话框中，设置忽略含有数字的单词，并且不为拼错的字给出替换建议。

◇**考查意图**：该题考核拼写检查选项的相关参数设置。

◇**操作方法**：

1 打开 Outlook Express 窗口，选择【工具】→【选项】菜单命令，打开"选项"对话框。

2 单击"拼写检查"选项卡，在"设置"栏中选中"为拼错的字给出替换建议"复选框。

3 在"进行拼写检查时，始终忽略"栏中选中"含有数字的单词"复选框，单击 确定 按钮，如图 4-48 所示。

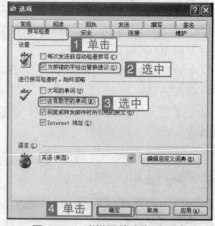

图 4-48 "拼写检查"选项卡

4.3 添加和管理邮件帐户

4.3.1 添加邮件帐号

考点级别： ★ ★ ★

考试分析：

该考点考核概率较大，只要跟着向导一步步操作，很容易得分。

操作方式

方式	菜单	鼠标左键	右键菜单	快捷键	其他方式
类别	【工具】→【账户】				

真 题 解 析

◇**题 目 1**：在 Outlook Express 中添加一个新帐户，其中显示名为"wxd"，电子邮件地址为"wxd024@163.com"，接收和发送邮件服务器分别为"pop3.163.com"和"smtp.163.com"，申请此帐户时的帐户名为"wxd024"，密码为"wxd123456"。

◇**考查意图**：该题考核如何添加一个新帐户。

◇**操作方法**：

1 打开 Outlook Express 窗口，选择【工具】→【账户】菜单命令，打开"Internet 账户"对话框，如图 4-49 所示。

2 单击"邮件"选项卡，单击 添加(A) 按钮，在弹出的下拉菜单中选择【邮件】菜单命令，打开"Internet 连接向导"对话框，如图 4-50 所示。

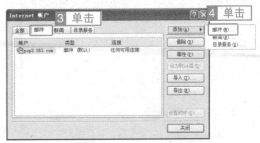

图 4-49　菜单栏命令　　　　　　　　　　　图 4-50　"邮件"选项卡

3 在"显示名"文本框中输入"wxd"，单击 下一步(N) 按钮，打开"Internet 电子邮件地址"对话框，如图 4-51 所示。

4 在"电子邮件地址"文本框中输入"wxd024@163.com"，单击 下一步(N) 按钮，打开"电子邮件服务器名"对话框，如图 4-52 所示。

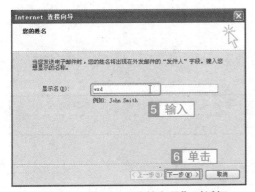

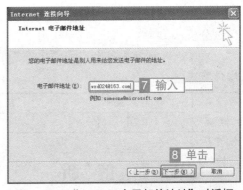

图 4-51　"Internet 连接向导"对话框　　　　图 4-52　"Internet 电子邮件地址"对话框

5 在"接收邮件(POP3，IMAP 或 HTTP)服务器"文本框中输入"pop3.163.com"，在"发送邮件服务器(SMTP)"文本框中输入"smtp.163.com"，单击 下一步(N) 按钮，打开"Internet Mail 登录"对话框，如图 4-53 所示。

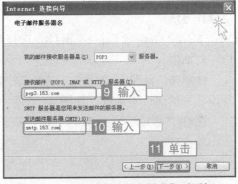

图 4-53　"电子邮件服务器名"对话框

6 在"帐户名"文本框中输入"wxd024",在"密码"文本框中输入"wxd123456",单击 下一步(N) 按钮,打开"祝贺您"对话框,提示完成 Outlook Express 邮件帐号设置,单击 完成 按钮,如图 4-54 和图 4-55 所示。

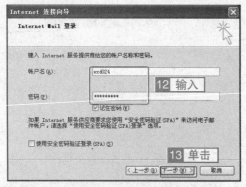 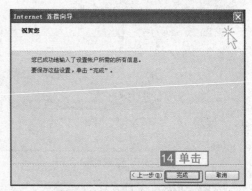

图 4-54 "Internet Mail 登录"对话框   图 4-55 "祝贺您"对话框

4.3.2 设置邮件帐号属性

考点级别: ★★★

考试分析:

该考点考核概率较大,操作比较简单,容易得分。

操作方式

方式	菜单	鼠标左键	右键菜单	快捷键	其他方式
类别	【工具】→【账户】				

真 题 解 析

◇**题 目 1**:更改"pop3.163.com"的账户名为"Study"。

◇**考查意图**:该题考核如何更改邮件账户。

◇**操作方法**:

1 打开 Outlook Express 窗口,选择【工具】→【账户】菜单命令,打开"Internet 账户"对话框。

2 单击"邮件"选项卡,选择其中的"pop3.163.com"账户,单击 属性(P) 按钮,打开该账号的属性对话框,如图 4-56 所示。

3 在"常规"选项卡的"邮件账户"文本框中输入"Study",单击 确定 按钮,如图 4-57 所示。

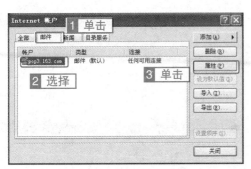

图 4-56　"邮件"选项卡　　　　　　　　　图 4-57　"常规"选项卡

◇**题 目 2**：在 Outlook Express 中，已建立一个名为"Study"的邮件帐户，设置连接此用户时总是使用局域网。

◇**考查意图**：该题考核如何设置邮件账户相关属性。

◇**操作方法**：

1 打开 Outlook Express 窗口，选择【工具】→【账户】菜单命令，打开"Internet 账户"对话框。

2 单击"邮件"选项卡，选择其中的"Study"账户，单击 属性(P) 按钮，打开该账号的属性对话框，如图 4-58 所示。

3 单击"连接"选项卡，选中"连接此账户时总是使用"复选框，在其下拉列表框中选择"局域网"，单击 确定 按钮，如图 4-59 所示。

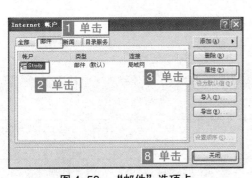

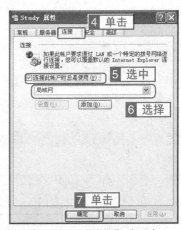

图 4-58　"邮件"选项卡　　　　　　　　　图 4-59　"连接"选项卡

4 返回到"Internet 账户"对话框，单击 关闭 按钮。

◇**题 目 3**：将账户名为"Study"的邮件帐户导出，将其命名为"Study"并保存在"我的文档"中。

◇**考查意图**：该题考核如何导出邮件账户。

◇操作方法：

1 打开 Outlook Express 窗口，选择【工具】→【账户】菜单命令，打开"Internet 账户"对话框。

2 单击"邮件"选项卡，选择其中的"Study"账户，单击 导出(E)... 按钮，打开"导出 Internet 账户"对话框，如图 4-60 所示。

3 单击左侧 我的文档 按钮，单击 保存(S) 按钮。返回到"Internet 账户"对话框，单击 关闭 按钮，如图 4-61 所示。

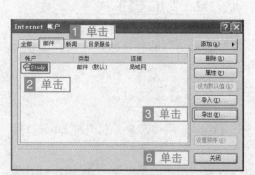

图 4-60 "邮件"选项卡

图 4-61 "导出 Internet 账户"对话框

4.4 编写和发送电子邮件

4.4.1 撰写新邮件

考点级别：★★★
考试分析：

> 该考点考核概率较大，操作简单，容易得分。

操作方式

方式	菜单	鼠标左键	右键菜单	快捷键	其他方式
类别	【格式】→【字体】				

真题解析

◇题　　目：通过"字体"对话框将邮件中的文字设置为"黑体、Italic、24 和红色"。
◇考查意图：该题考核如何创建邮件。

◇操作方法：

1 打开需要设置的邮件窗口，选择邮件正文的全部文字，选择【格式】→【字体】菜单命令，打开"字体"对话框，如图 4-62 所示。

2 在"字体"列表框中选择"黑体"选项，在"字形"列表框中选择"Italic"选项，在"大小"列表框中选择"24"，在"效果"栏中单击 **A** 按钮，打开"颜色"对话框，如图 4-63 所示。

图 4-62　菜单栏命令

3 在"基本颜色"列表框中选择"红色"色块，单击 确定 按钮，返回"字体"对话框，单击 确定 按钮，如图 4-64 所示。

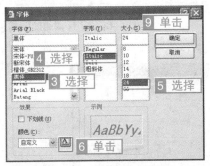

图 4-63　"字体"对话框

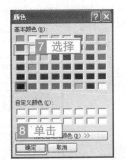

图 4-64　"颜色"对话框

4.4.2　发送新邮件

考点级别： ★ ★ ★

考试分析：

> 该考点考核该率较大，由于操作简单，所以考试中常和其他考点结合起来考核。

操作方式

方式	菜单	鼠标左键	右键菜单	快捷键	其他方式
类别	【文件】→【新建】→【邮件】				

真 题 解 析

◇**题　目：** 发送邮件到"wxd024@163.com"邮箱中，主题为"停课通知"，内容为"明天下午停课"。

◇**考查意图：** 该题考核邮件的发送。

◇**操作方法：**

1 打开 Outlook Express 窗口，选择【文件】→【新建】→【邮件】菜单命令，打开"新邮件"对话框，如图 4-65 所示。

2 在"收件人"文本框中输入"wxd024@163.com"，在"主题"文本框中输入"停课通知", 在正文文本框中输入"明天下午停课", 如图 4-66 所示。

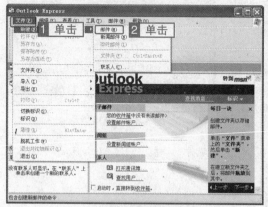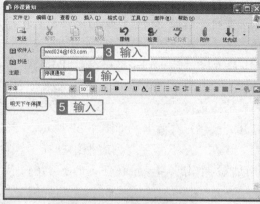

图 4-65　菜单栏命令　　　　　　　　图 4-66　"停课通知"邮件

3 选择【文件】→【发送邮件】菜单命令完成邮件发送, 如图 4-67 所示。

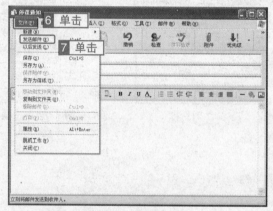

图 4-67　菜单栏命令

4.4.3　为电子邮件添加附件

考点级别: ★ ★ ★

考试分析:

> 该考点考核概率较大, 操作也比较简单。

操作方式

方式	菜单	鼠标左键	右键菜单	快捷键	其他方式
类别	【插入】→【文件附件】				

真 题 解 析

◇**题　　目:** 在发给"李蕾"的新邮件窗口界面中, 插入文本文档"学习资料.txt"作为附件。

◇**考查意图：**该题考查如何为电子邮件添加附件。

◇**操作方法：**

1 打开 Outlook Express 窗口，在"联系人"窗格中双击联系人"李蕾"，打开"新邮件"窗口，如图 4-68 所示。

2 选择【插入】→【文件附件】菜单命令，打开"插入附件"对话框，如图 4-69 所示。

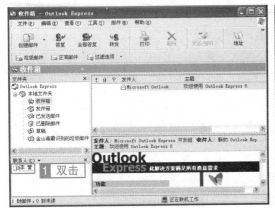

图 4-68　Outlook Express 窗口

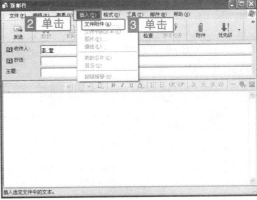

图 4-69　菜单栏命令

3 选择"学习资料.txt"，单击 附件(A) 按钮，如图 4-70 所示。

4 返回"新邮件"窗口，在"附件"文本框中就能看到刚插入的附件，如图 4-71 所示。

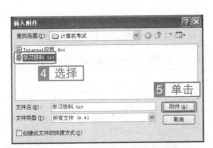

图 4-70　"插入附件"对话框

图 4-71　插入附件后的新邮件

4.4.4　制作 HTML 邮件

考点级别：★★

考试分析：

　　制作 HTML 邮件的考点由于操作比较多，而且命题比较简单，所以经常和其他考点结合起来考核。

操作方式

方式	菜单	鼠标左键	右键菜单	快捷键	其他方式
类别	【格式】→【应用信纸】→【其他信纸】				

真 题 解 析

◇题 目 1：在 Outlook Express 中设置，在邮件中使用信纸"向日葵"。

◇考查意图：该题考核如何设置信纸。

◇操作方法：

1 打开需要设置的邮件窗口，选择【格式】→【应用信纸】→【其他信纸】菜单命令，打开"选择信纸"对话框，如图 4-72 所示。

2 在列表框中选择"向日葵.hmt"选项，单击 确定 按钮，邮件正文背景被设置为向日葵信纸，如图 4-73 所示。

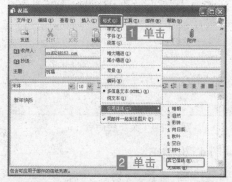

图 4-72 菜单栏命令

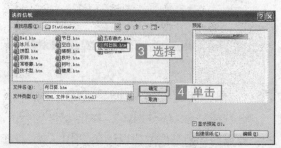

图 4-73 "选择信纸"对话框

◇题 目 2：设置当前邮件的背景颜色为红色。

◇考查意图：该题考核如何设置背景颜色。

◇操作方法：

打开需要设置的邮件窗口，选择【格式】→【背景】→【颜色】菜单命令，在弹出的子菜单中选择【红色】菜单命令，邮件背景将变成设置的颜色，如图 4-74 所示。

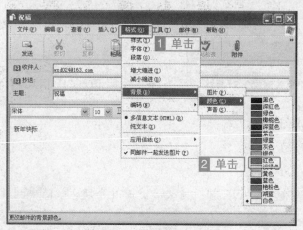

图 4-74 菜单栏命令

◇题 目 3：创建一封信邮件，邮件内容为："送一首歌给你听。"将邮件背景音乐通过菜单方式设置为"春天里.mp3"。

◇**考查意图**：该题考核如何设置邮件的背景音乐。

◇**操作方法**：

1 打开需要设置的邮件窗口，选择【格式】→【背景】→【声音】菜单命令，打开"背景音乐"对话框，如图 4-75 所示。

2 单击 浏览(B)... 按钮，打开"背景音乐"对话框，如图 4-76 所示。

3 在列表框中选择"春天里.mp3"，单击 打开(O) 按钮，返回"背景音乐"对话框，单击 确定 按钮，如图 4-77 所示。

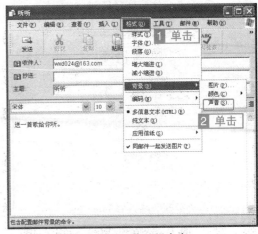

图 4-75　菜单栏命令

图 4-76　"背景音乐"对话框

图 4-77　打开"背景音乐"对话框

◇**题　目　4**：在新邮件的正文中插入一张图片，图片来源是:我的文档 \OE 教育.gif，并为该图片设置链接为"http://www.oeoe.com"。

◇**考查意图**：该题考核如何在新邮件中插入图片，并为该图片设置超链接。

◇**操作方法**：

1 打开需要设置的邮件窗口，光标定位到邮件内容的开始处，选择【插入】→【图片】菜单命令，打开"图片"对话框，如图 4-78 所示。

2 单击 浏览(R)... 按钮，打开"图片"对话框，如图 4-79 所示。

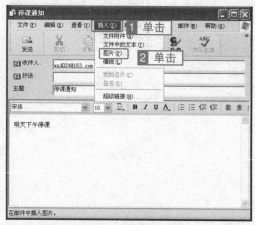

图 4-78　菜单栏命令

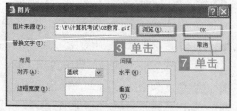

图 4-79　"图片"对话框

3 在左侧单击 我的文档 按钮，在列表框中选择"OE 教育.gif"选项，单击 打开(O) 按钮，返回"图片"对话框，单击 OK 按钮，如图 4-80 所示。

4 单击"OE 教育"图片，选择【插入】→【超级链接】菜单命令，打开"超级链接"对话框，如图 4-81 所示。

5 在"URL"文本框中输入"http://www.oeoe.com"，单击 OK 按钮，如图 4-82 所示。

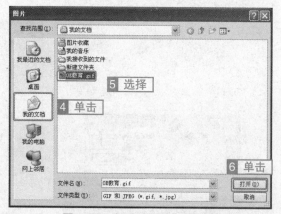

图 4-80　打开"图片"对话框

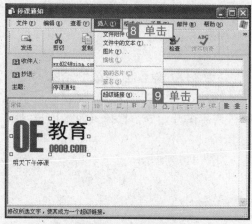

图 4-81　菜单栏命令

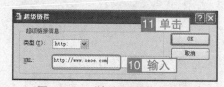

图 4-82　"超级链接"对话框

4.5　接收电子邮件及后续操作

4.5.1　接收电子邮件

考点级别：★★★

考试分析：

该题考核概率较大，操作比较简单。

操作方式

方式	菜单	鼠标左键	右键菜单	快捷键	其他方式
类别	【工具】→【发送和接收】				

真 题 解 析

◇**题 目 1：**在 Outlook Express 中，接收全部邮件（不发送）。

◇**考查意图：**该题考核如何接收全部邮件。

◇**操作方法：**

　　打开 Outlook Express 窗口，选择【工具】→【发送和接收】→【接收全部邮件】菜单命令，打开对话框，连接到邮箱所在的服务器，并下载所有接收的邮件，然后在"收件箱"文件夹中即可看到所有邮件，如图 4-83 和图 4-84 所示。

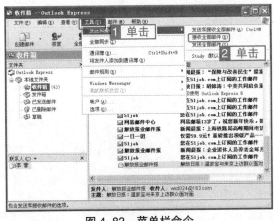
图 4-83　菜单栏命令

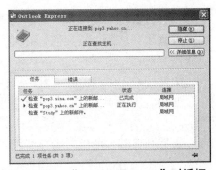
图 4-84　"Outlook Express"对话框

◇**题 目 2：**在 Outlook Express 中，接收"wxd024@163.com"帐号的所有邮件。

◇**考查意图：**该题考核接收指定帐号的所有邮件。

◇**操作方法：**

　　打开 Outlook Express 窗口，选择【工具】→【发送和接收】→【pop3.163.com】菜单命令，打开对话框，连接到邮箱所在的服务器，并下载所有接收的邮件，然后在"收件箱"文件夹中即可看到所有邮件，如图 4-85 和图 4-86 所示。

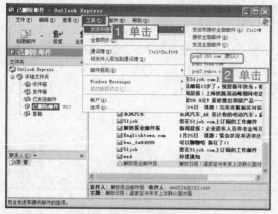

图 4-85　菜单栏命令

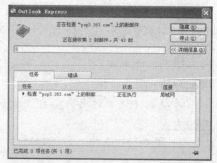

图 4-86　"Outlook Express"对话框

4.5.2　查看电子邮件

考点级别： ★★★

考试分析：

　　该考点考核概率较大，经常和其他考点一起考。

操作方式

方式	菜单	鼠标左键	右键菜单	快捷键	其他方式
类别		双击鼠标左键			

真 题 解 析

◇**题　　目：** 打开在草稿中主题为"新年快乐"的邮件。

◇**考查意图：** 该题考核如何打开邮件。

◇**操作方法：**

　　1 打开 Outlook Express 窗口，在"文件夹"窗格中单击"草稿"文件夹。

　　2 在右侧的邮件窗格中选择主题为"新年快乐"的邮件，双击鼠标左键，如图 4-87 所示。

　　3 打开该邮件的编辑窗口，即可查看该邮件，如图 4-88 所示。

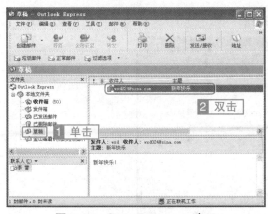
图 4-87　Outlook Express 窗口

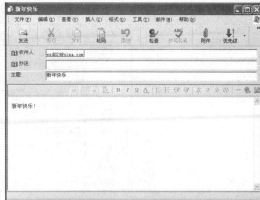
图 4-88　打开的邮件

4.5.3　保存电子邮件

考点级别：★★★

考试分析：

> 该考点考核概率较大，命题通常会指定一种保存的方式。

操作方式

方式	菜单	鼠标左键	右键菜单	快捷键	其他方式
类别	【文件】→【另存为】				

真 题 解 析

◇**题 目 1**：对收件箱中主题为"新年快乐"的邮件在预览状态下将其保存到"我的文档"文件夹中。

◇**考查意图**：该题考核如何保存邮件。

◇**操作方法：**

1 打开 Outlook Express 窗口，在"文件夹"窗格中单击"收件箱"文件夹。单击主题为"新年快乐"的邮件，如图 4-89 所示。

2 选择【文件】→【另存为】菜单命令，打开"邮件另存为"对话框，如图 4-90 所示。

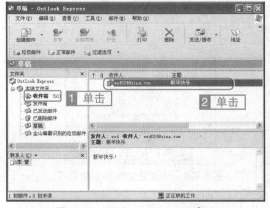
图 4-89　Outlook Express 窗口

图 4-90　菜单栏命令

3 在 "邮件另存为" 对话框中单击  按钮，单击 保存(S) 按钮，如图 4-91 所示。

图 4-91　"邮件另存为" 对话框

◇**题 目 2**：在 Outlook Express 中，保存已打开的邮件的附件到我的文档中，文件名保持不变。

◇**考查意图**：该题考核如何保存邮件的附件。

◇**操作方法**：

1 打开 Outlook Express 窗口，在 "文件夹" 窗格中单击 "收件箱" 文件夹。在右侧的邮件窗格中选择主题为 "新年快乐" 的邮件。

2 选择【文件】→【保存附件】菜单命令，打开 "保存附件" 对话框，如图 4-92 所示。

3 单击 浏览(B)... 按钮，打开 "浏览文件夹" 对话框，选择 "我的文档" 文件夹，单击 确定 按钮，如图 4-93 和图 4-94 所示。

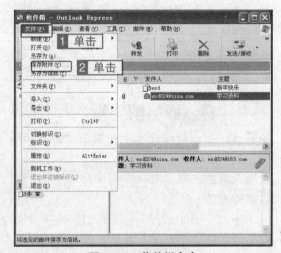

图 4-92　菜单栏命令

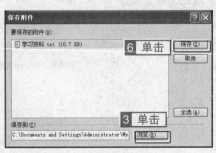

图 4-93　"保存附件" 对话框

图 4-94　"浏览文件夹" 对话框

4.5.4 答复和转发电子邮件

考点级别：★★★
考试分析：

该考点考核概率较大，通常和其他考点结合起来考核。

操作方式

方式	菜单	鼠标左键	右键菜单	快捷键	其他方式
类别			全部答复		

真 题 解 析

◇**题　　目：** 使用鼠标右键菜单方式，全部答复发件人为"wxd024@sina.com"邮件，回复内容为"收到，非常有用，谢谢！"。

◇**考查意图：** 该题考核如何全部答复发件人。

◇**操作方法：**

1 打开 Outlook Express 窗口，在"文件夹"窗格中单击"收件箱"文件夹，选择"wxd024@sina.com"收件人，单击鼠标右键，弹出快捷菜单中选择【全部答复】菜单命令，如图 4-95 所示。

2 在打开的窗口中输入"收到，非常有用，谢谢！"，单击 发送 按钮，如图 4-96 所示。

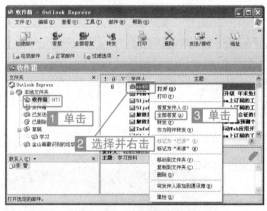

图 4-95　右键菜单命令

图 4-96　回复邮件

4.6　管理电子邮件

4.6.1　复制和移动电子邮件

考点级别： ★ ★ ★
考试分析：

> 该考点考核概率较大，复制和移动的操作相似，考试时只可能考查其中一个操作。

操作方式

方式	菜单	鼠标左键	右键菜单	快捷键	其他方式
类别	【编辑】→【复制到文件夹】				
	【编辑】→【移动到文件夹】				

真 题 解 析

◇**题 目 1：** 在"OutLook Express"中，请把主题为"学习资料"的邮件复制到名为"OE教育"的文件夹中。

◇**考查意图：** 该题考核如何复制邮件。

◇**操作方法：**

　　1 打开 Outlook Express 窗口，在"文件夹"窗格单击"发件箱"文件夹，在邮件窗格的列表框中单击主题为"学习资料"的电子邮件，选择【编辑】→【复制到文件夹】菜单命令，打开"复制"对话框，如图 4-97 所示。

　　2 单击 新建文件夹(N) 按钮，打开"新建文件夹"对话框，如图 4-98 所示。

图 4-97　菜单栏命令

图 4-98　"复制"对话框

　　3 在"文件名"文本框中输入"OE 教育"单击 确定 按钮，如图 4-99 所示。

　　4 返回"复制"对话框，单击 确定 按钮，在 OutLook Express 窗口的"文件夹"

窗格的列表中选择"OE 教育"文件夹，在邮件窗格的列表框中即可看到复制的电子邮件，如图 4-100 所示。

图 4-99　"新建文件夹"对话框　　　　　图 4-100　复制结果

◇**题 目 2**：在"已删除邮件"文件夹中，将邮件主题为"学习资料"的邮件移动到"已发送邮件"文件夹中。

◇**考查意图**：该题考核如何移动邮件。

◇**操作方法**：

1 打开 Outlook Express 窗口，在"文件夹"窗格单击"已删除邮件"文件夹，在邮件窗格的列表框中单击主题为"学习资料"的电子邮件，选择【编辑】→【移动到文件夹】菜单命令，打开"移动"对话框，如图 4-101 所示。

2 在"移动"对话框选择"已发送邮件"文件夹，单击 确定 按钮，如图 4-102 所示。

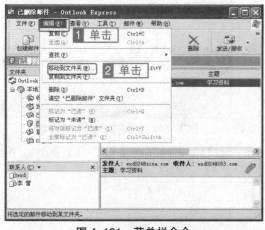

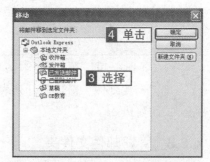

图 4-101　菜单栏命令　　　　　　　　图 4-102　"移动"对话框

3 返回 Outlook Express 窗口，在邮件窗格的列表框中，即可看到该邮件被移动到"已发送邮件"文件夹中。

4.6.2　查找电子邮件

考点级别：★
考试分析：

> 该考点考核概率较小，但也有考核的可能。

操作方式

方式	菜单	鼠标左键	右键菜单	快捷键	其他方式
类别	【编辑】→【查找】→【邮件】				

真 题 解 析

◇**题　　目：** 在收件箱中查找发件人邮件地址 wxd024@sina.com，收到时间晚于 2010 年 11 月 10 日的邮件。

◇**考查意图：** 该题考核如何查找电子邮件。

◇**操作方法：**

1 打开 Outlook Express 窗口，单击"收件箱"文件夹，选择【编辑】→【查找】→【邮件】菜单命令，打开"查找邮件"对话框，如图 4-103 所示。

2 在"发件人"文本框中输入"wxd024@sina.com"，在"收到时间晚于"日期列表框中选择"2010 年 11 月 10 日"，单击 开始查找(I) 按钮，如图 4-104 所示。

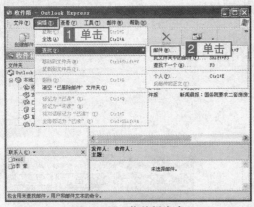

图 4-103　菜单栏命令

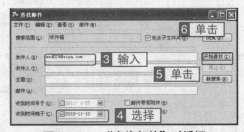

图 4-104　"查找邮件"对话框

3 "查找邮件"窗口展开列表框，在其中显示查找的邮件，单击窗口右上角的 ✕ 按钮，关闭窗口。

4.6.3　管理邮件文件夹

考点级别：★★★
考试分析：

> 该考点考核概率较大，通常和其他考点结合起来考核。

操作方式

方式	菜单	鼠标左键	右键菜单	快捷键	其他方式
类别	【文件】→【新建】→【文件夹】				

真 题 解 析

◇**题 目 1**：在"草稿"文件夹下创建一个名为"学习"的文件夹。

◇**考查意图**：该题考核如何创建文件夹。

◇**操作方法**：

1 打开 Outlook Express 窗口中选择【文件】→【新建】→【文件夹】菜单命令，打开"创建文件夹"对话框，如图 4–105 所示。

2 在"选择新建文件夹的位置"栏中单击"草稿"文件夹，在"文件夹名"文本框中输入"学习"，单击 确定 按钮，返回到 Outlook Express 窗口，在文件夹列表框中即可看到新建的文件夹，如图 4–106 和图 4–107 所示。

图 4–105　菜单栏命令

图 4–106　"创建文件夹"对话框

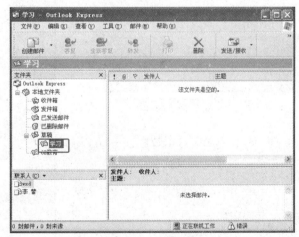

图 4–107　创建结果

◇**题 目 2**：将"草稿"文件夹下的"学习"文件夹，使用菜单方式移动到本地文件夹下。

◇**考查意图**：该题考核如何移动文件夹。

◇**操作方法**：

1 打开 Outlook Express 窗口中，单击"学习"文件夹，选择【文件】→【文件夹】→【移动】菜单命令，打开"移动"对话框，如图 4–108 所示。

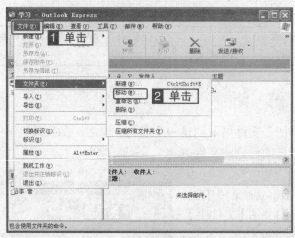

图 4-108　菜单栏命令

2 在"移动"对话框中，选择"本地文件夹"，单击 确定 按钮。返回到 Outlook Express 窗口，在文件夹列表框中即可看到移动后的文件夹，如图 4-109 和图 4-110 所示。

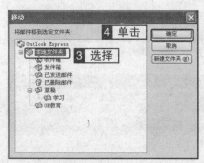

图 4-109　"移动"对话框

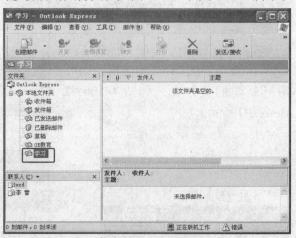

图 4-110　移动结果

◇**题 目 3**：在"OutLook Express"窗口中删除"学习"文件夹。

◇**考查意图**：该题考核如何删除文件夹。

◇**操作方法**：

1 打开 Outlook Express 窗口中，单击"学习"文件夹，选择【文件】→【文件夹】→【删除】菜单命令，打开"确认删除"对话框，如图 4-111 所示。

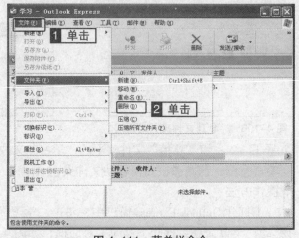

图 4-111　菜单栏命令

2 弹出 Outlook Express 确认对话框，单击 [是(Y)] 按钮。返回到 Outlook Express 窗口，"学习"文件夹将被移动到"已删除邮件"中，如图 4-112 和图 4-113 所示。

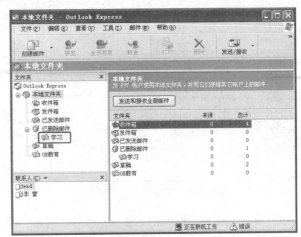

图 4-112 Outlook Express 确认对话框   图 4-113 删除结果

4.7 使用通讯簿

4.7.1 添加联系人和组

考点级别：★★★

考试分析：

> 该考点考核概率较大，而且该考点的相关操作对于本章中的其他考点有一定的影响。

操作方式

方式	菜单	鼠标左键	右键菜单	快捷键	其他方式
类别	【文件】→【新建】→【联系人】				

真 题 解 析

◇**题 目 1**：通过"新建"菜单方式，添加新联系人姓名为：妞妞，邮件地址为：niuniu2003@163.com。

◇**考查意图**：该题考核如何添加联系人。

◇**操作方法：**

1 打开 Outlook Express 窗口，选择【文件】→【新建】→【联系人】菜单命令，打开"属性"对话框，如图 4-114 所示。

2 在"姓"文本框中输入"妞"，在"名"的文本框中输入"妞"，在"电子邮件地址"文本框中输入"niuniu2003@163.com"，单击 [添加(A)] 按钮，然后单击 [确定] 按钮，如图 4-115 所示。

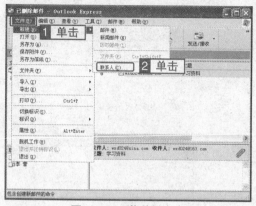

图 4-114　菜单栏命令

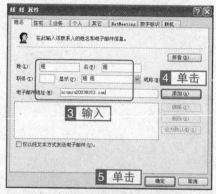

图 4-115　"属性"对话框

◇题 目 2：在通讯簿中新建一个名为"朋友"的组，并将联系人 Lewis，添加到该组中。

◇考查意图：该题考核如何添加组。

◇操作方法：

1 打开 Outlook Express 窗口中，选择【工具】→【通讯簿】菜单命令，打开"通讯簿 – 主标识"窗口，如图 4-116 所示。

2 选择【文件】→【新建组】菜单命令，打开"属性"对话框，如图 4-117 所示。

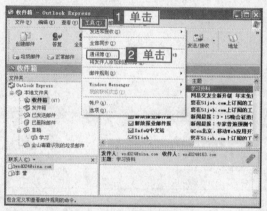

图 4-116　菜单栏命令

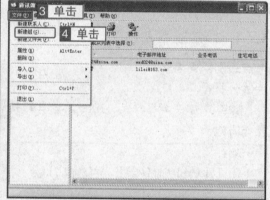

图 4-117　"通讯簿 – 主标识"窗口

3 在"组名"文本框中输入"朋友"，单击 选择成员(S) 按钮，打开"选择组成员"对话框，如图 4-118 所示。

4 在列表框中选择"Lewis"，单击 选择(I) -> 按钮，将其添加到"成员"列表框中，单击 确定 按钮，如图 4-119 所示。

5 返回"属性"对话框，单击 确定 按钮，返回 Outlook Express 窗口，在联系人列表框中可以看到添加的联系人组。

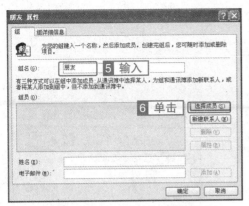

图 4-118　"属性"对话框

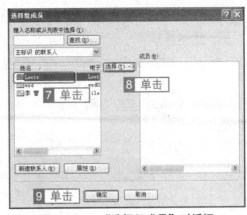

图 4-119　"选择组成员"对话框

4.7.2　导入和导出通讯簿

考点级别：★

考试分析：

> 该考核概率较小，操作比较简单，命题方式也比较直接。

操作方式

方式	菜单	鼠标左键	右键菜单	快捷键	其他方式
类别	【文件】→【导出】→【通讯簿】				
	【文件】→【导入】→【其它通讯簿】				

真 题 解 析

◇**题 目 1**：将通讯簿以文本文件形式导出到"我的文档"中并命名为"通讯簿"。

◇**考查意图**：该题考核如何导出通讯簿。

◇**操作方法**：

1 打开 Outlook Express 窗口中，选择【文件】→【导出】→【通讯簿】菜单命令，打开"通讯簿导出工具"对话框，如图 4-120 所示。

2 在列表框中选择"文本文件(以逗号分割)"选项，单击 导出(E) 按钮，打开"CSV 导出"对话框，如图 4-121 所示。

3 单击 浏览(R)... 按钮，打开"另存为"对话框，如图 4-122 所示。

4 在"保存在"下拉列表框中选择"我的文档"，在"文件名"下拉列表框中输入"通讯簿"，单击 保存(S) 按钮，返回"CSV 导出"对话框，如图 4-123 所示。

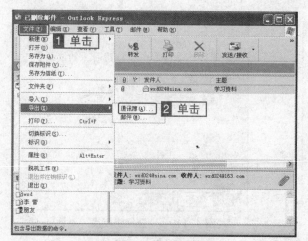

图 4-120　菜单栏命令

图 4-121　"通讯簿导出工具"对话框

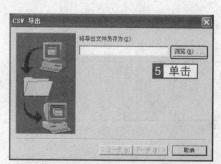

图 4-122　"CSV 导出"对话框

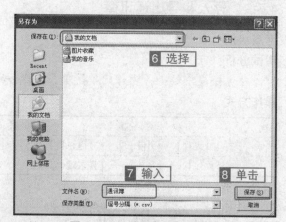

图 4-123　"另存为"对话框

5 单击 下一步(N) > 按钮，打开"选择要导出的域"对话框，在其中保持默认设置，单击 完成 按钮，打开提示框，提示通讯簿导出完成，单击 确定 按钮，如图 4-124 和图 4-125 所示。

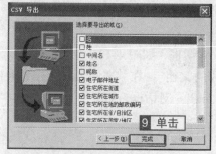

图 4-124　"CSV 导出"对话框

图 4-125　导出完成提示框

◇**题 目 2**：将我的文档中的"通讯簿"文件以文本型文件的格式导入到当前通讯簿中。

◇**考查意图：**该题考核如何导入通讯簿。

◇**操作方法：**

1 打开 Outlook Express 窗口中，选择【文件】→【导入】→【其它通讯簿】菜单命令，打开"通讯簿导入工具"对话框，如图 4-126 所示。

2 在列表框中选择"文本文件(以逗号分割)"选项，单击 导入(I) 按钮，打开"CSV 导入"对话框，如图 4-127 所示。

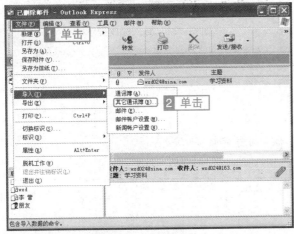

图 4-126　菜单栏命令

图 4-127　"通讯簿导入工具"对话框

3 单击 浏览(R)... 按钮，打开"打开"对话框，如图 4-128 所示。

4 单击左侧的 我的文档 按钮，在列表框中选择"通讯簿.csv"文件，单击 打开(O) 按钮，返回"CSV 导入"对话框，如图 4-129 所示。

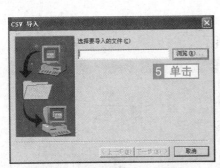

图 4-128　CSV 导入"对话框

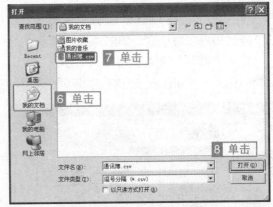

图 4-129　"打开"对话框

5 单击 下一步(N) > 按钮，将显示要导入的信息，单击 完成 按钮，系统将显示导入进度，然后打开提示框显示导入完成，单击 确定 按钮，如图 4-130 和图 4-131 所示。

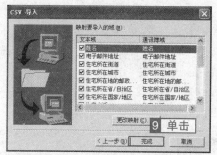

图 4-130　"CSV 导入"对话框　　　图 4-131　导入完成提示框

4.7.3　查找联系人

考点级别：★
考试分析：

　　该考点考核概率较小，但操作比较简单，通过率较高。

操作方式

方式	菜单	鼠标左键	右键菜单	快捷键	其他方式
类别	【编辑】→【查找】→【个人】				

真 题 解 析

◇**题　　目：**在通讯簿中查找姓"李"的联系人。
◇**考查意图：**该题考核如何利用通讯簿查找联系人。
◇**操作方法：**

　　1 打开 Outlook Express 窗口中，选择【编辑】→【查找】→【个人】菜单命令，打开"查找用户"对话框，如图 4-132 所示。

　　2 在"姓名"文本框中输入"李"，单击 开始查找(F) 按钮，将展开列表框并显示查找的结果，单击 关闭(C) 按钮，如图 4-133 所示。

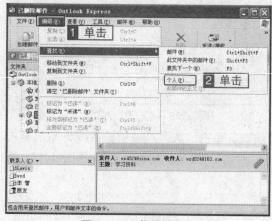

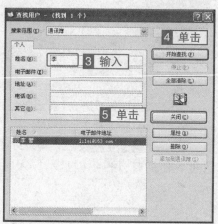

图 4-132　菜单栏命令　　　　　　图 4-133　"查找用户"对话框

本章考点及其对应操作方式一览表

考点	考频	操作方式
启动 Outlook Express	★★★	【开始】→【所有程序】
改变 Outlook Express 窗口布局	★★	【查看】→【布局】
设置电子邮件预览窗格	★	【查看】→【布局】
设置邮件视图的显示方式	★	【查看】→【当前视图】
运用邮件规则对邮件进行管理	★★★	【工具】→【邮件规则】
设置常规选项	★★★	【工具】→【选项】
设置阅读邮件选项	★★★	【工具】→【选项】
设置回执邮件选项	★	【工具】→【选项】
设置发送邮件选项	★★★	【工具】→【选项】
设置撰写邮件选项	★★★	【工具】→【选项】
设置维护邮件选项	★	【工具】→【选项】
设置邮件安全选项	★★	【工具】→【选项】
设置拼写检查选项	★★	【工具】→【选项】
添加邮件帐号	★★★	【工具】→【账户】
设置邮件帐号属性	★★★	【工具】→【账户】
撰写新邮件	★★★	【格式】→【字体】
发送新邮件	★★★	【文件】→【新建】→【邮件】
为电子邮件添加附件	★★★	【插入】→【文件附件】
制作 HTML 邮件	★★	【格式】→【应用信纸】→【其他信纸】
接收电子邮件	★★★	【工具】→【发送和接收】
查看电子邮件	★★★	双击鼠标左键
保存电子邮件	★★★	【文件】→【另存为】
答复和转发电子邮件	★★★	【全部答复】
复制和移动电子邮件	★★★	【编辑】→【复制到文件夹】【编辑】→【移动到文件夹】
查找电子邮件	★	【编辑】→【查找】→【邮件】
管理邮件文件夹	★★★	【文件】→【新建】→【文件夹】
添加联系人和组	★★★	【文件】→【新建】→【联系人】
导入和导出通讯簿	★	【文件】→【导出】→【通讯簿】 【文件】→【导入】→【其它通讯簿】
查找联系人	★	【编辑】→【查找】→【个人】

通　关　真　题

CD 注：以下测试题可以通过光盘【实战教程】→【通关真题】进行测试。

第 1 题　在 Outlook Express 工具栏的"刷新"前添加"创建邮件"按钮，并删除工具栏中的"刷新"按钮。

第 2 题　在 Outlook Express 主窗口中隐藏"文件夹列表"，并显示"视图栏"。

第 3 题　对收件箱创建一个新自定义视图，视图定义为"若邮件标记为优先级"则隐藏邮件，并设置其优先级为"低优先级"。

第 4 题　将收件箱中创建的"视图 3"改为若邮件已读则"隐藏"邮件。

第 5 题　对收件箱创建一个新自定义视图，视图名为"视图 3"，视图定义为"若邮件发送于 5 天前"，"若邮件为加密邮件"则"隐藏"邮件。

第 6 题　对收件箱自定义的"视图 3"进行复制，并将其"加密邮件"属性改为"签名邮件"属性。

第 7 题　将收件箱的"显示所有邮件"视图应用于所有文件夹。

第 8 题　请设置 Outlook Express 在启动时不自动登录 Windows Messenger，不发送和接收邮件。

第 9 题　创建 URL 地址为"http://www.baidu.com"的网页新邮件，按默认方式发送给邮件用户 oeoe@163.com。

第 10 题　在 Outlook Express 中，默认情况下电子邮件在打开若干秒后会自动标记为"已读"，请使用系统菜单取消自动标记设置。

第 11 题　在 Outlook Express 阅读新闻邮件时，设置每次获取的邮件标头数为 150。

第 12 题　创建一个文本型签名，签名内容为"李明"。

第 13 题　在 Outlook Express 中，已建立一个名为 DFKJ 的邮件帐户，设置发送 3MB 的邮件时要拆分。

第 14 题　创建一个文件型签名，签名文件位于"图片收藏"文件夹下，文件名为"Sunset"。

第 15 题　在签名设置中，更改"签名 #1"的名称为：我的签名。

第 16 题　将发件箱中等待下一次发送的邮件，移至到"草稿"目录中保存。

第 17 题　在 Outlook Express 的"选项"对话框中，设置所有发送的邮件都要求提供阅读回执。

第 18 题　取消在回复邮件时，自动把回复对象的地址添加到通讯簿的功能。

第 19 题　在 Outlook Express 的"选项"对话框中，设置不保存已发送邮件的副本。

第 20 题　设置邮件信纸为"饼图"，输入收件人地址为"wxd024@sohu.com"，输入邮件内容为"新方案请于本周五前出稿"，发送邮件。

第 21 题　在 OutLook Express 的"选项"对话框中，设置在重写新邮件时取消自动检查收件人地址。

第 22 题 在 Outlook Express 的 "选项" 对话框中，设置在拼写检查时，不要忽略回复或转发邮件时所引用的原文。

第 23 题 在 Outlook Express 的 "选项" 对话框中，设置邮件检查拼写时，忽略含有数字的单词。

第 24 题 在 Outlook Express 中将发件人为 "oeoe" 两份邮件的文本大小设置为较小。

第 25 题 在 Outlook Express 中当前的邮件已设置为隐藏已读邮件，现将该设置应用于所有的文件夹。

第 26 题 在 Outlook Express 的主窗口隐藏联系人栏。

第 27 题 在 Outlook Express 的 "选项" 对话框中进行设置，使回复对象不添加到通讯簿中。

第 28 题 在 Outlook Express 的 "选项" 对话框中，设置每次发送邮件前自动进行检查拼写。

第 29 题 在 Outlook Express 主窗口中取消显示预览窗格。

第 30 题 在 Outlook Express 中，创建一个邮件帐号，显示名为 "oeoe"，帐号为 "oeoe@126.com"，密码为 "123456"，POP3 和 SMTP 服务器均为：126.com。

第 31 题 在 Outlook Express 的 "选项" 对话框中，设置退出 Outlook Express 时清空 "已删除邮件" 文件夹中的邮件。

第 32 题 将服务器指代名为 "oeoe" 的邮件帐户属性设置为发送邮件时 "我的服务器要求身份验证"。

第 33 题 将服务器指代名为 "oeoe" 的邮件帐户属性中发送邮件进行身份验证时设置为 "发送邮件服务器的设置与接收邮件服务器的设置相同"。

第 34 题 把邮件帐户 oeoe 的 POP3 服务器和 SMTP 服务器均改为 mail.oeoe.com。

第 35 题 将服务器指代名为 "oeoe" 的邮件帐户删除，再将 "我的文档" 文件夹中名为 "pink" 的帐户导入。

第 36 题 在 Outlook Express 中，已建立了两个标识，主标识和 center，请从 "开始" 菜单上启动 Outlook Express，并切换到标识 center（center 标识的密码为 admin）。

第 37 题 在 Outlook Express 中建立了一个名为 "wxd" 的邮件帐户，设置其服务器超时时间为 3 分钟。

第 38 题 在 Outlook Express 中为名为 oeoe 的标识（密码为 123456）创建一个新邮件帐号，帐号名称为 "oeoe@mails.oeoe.com"，显示名为 "oeoe"，POP3 服务器和 SMTP 服务器均为 "mail. oeoe.com"。

第 39 题 创建一封新邮件，收件人为 "lishang@oeoe.com" 邮件内容为 "一路顺风！"，并插入图片（路径为："我的文档 \butterfly.jpg"）。

第 40 题 通过 "联系人" 窗口，创建一封给王丽丽的新邮件，邮件内容为 "谢谢！资料已收到！" 其余默认，然后发送。

第 41 题 打开 "草稿" 文件夹下邮件主题为 "今天下午" 的邮件，将主题改为 "今天下午 16:00，总结会议"。

第 42 题　利用菜单对当前邮件的文字进行设置，第一行字体为黑体，Regular，36 号，黄色。

第 43 题　使用菜单命令将邮件中选中的正文字体设置为华文新魏，字形为 "Bold"，24 号，颜色为 "浅绿色"。

第 44 题　通过 "创建邮件" 快捷按钮新建一封邮件，输入邮件主题为：保护环境，并保存在草稿文件夹中。

第 45 题　设置 Stationery 文件夹中名为 "tech" 的图片为当前邮件的背景图。

第 46 题　在新邮件的正文中插入一张图片，图片来源是:我的文档 \ 图片收藏 \Sunset.jpg。

第 47 题　在邮件正文中为 "请登录:sina.com.cn" 插入超级链接，链接的 URL 为 http://www.sina.com.cn。

第 48 题　撤销当前 "OE 教育" 的超级链接。

第 49 题　通过联系人窗口，新建给 "张扬" 的邮件，邮件内容为 "这是我的家庭合照。" 并插入 "我的文档" 文件夹下的图片文件 "picture" 作为附件。

第 50 题　继续编辑主题为 "复习指南" 的邮件草稿，抄送给另一个邮件用户 "齐斯扬"，并编辑邮件内容 "重点复习"。

第 51 题　将 Word 中已打开的《考试复习指南》文档作为邮件附件发送给:qisiyang@126.com。

第 52 题　打开草稿箱中发送给李思思的未写完的邮件，在内容中插入 "我的文档" 文件夹中名为 "winter" 的图片后立即发送。

第 53 题　在当前状态下通过阅读预览区阅读收件箱中来自 " Microsoft Outlook Express 开发组" 的邮件。

第 54 题　对收件箱中主题为 "考试培训" 的邮件在打开状态下将其保存到我的文档中。

第 55 题　将收件箱中主题为 "OE 教育" 的邮件在阅读状态下将其附件保存到我的文档中。

第 56 题　在 Outlook Express 收件箱中，将主题为 "考试注意事项" 的邮件文本大小设置为最大。

第 57 题　在 Outlook Express 中，将主题为 "考试" 的邮件编码设置为 "繁体中文 Big5"。

第 58 题　请将收件箱中主题为 "考试注意事项" 的邮件标记为未读。

第 59 题　在 Outlook Express 中，设置在退出新闻组时将所有的邮件标记为已读。

第 60 题　使用快捷工具栏 "答复" 按钮回复发件人: Microsoft Outlook Express 开发组，邮件内容为 "非常感谢!"。

第 61 题　查找条件为：	"发件人" 为 "admin"、"邮件带有附件" 的邮件。

第 62 题　使用快捷工具栏 "转发" 按钮，将邮件转发给 "wangli@oeoe.com"。

第 63 题　通过联系人窗口，给 "办公室组" 创建新邮件，主题为 "公司会议!"，内容为 "周三 14:00 点 203 室开会，请准时参加。" 发送给组中所有成员。

第 64 题　用发送接收快捷按钮，发送发件箱中的新邮件。

第 65 题　在 Outlook Express 选项对话框中，设置不要立即发送刚撰写好的邮件。

第 66 题　在 Outlook Express 中，隐藏发件人 jack2010 的邮件。

第 67 题　将草稿箱中名为 "节气" 的文件夹移动到发件箱中，同时在移动时，为 "节气" 文件夹下创建一个名为 "春分" 的文件夹。

第 68 题　请将草稿箱中名为"Admin"的文件夹删除 。

第 69 题　将收件箱中名为"考试用书"的邮件复制到发件箱中名为"转发"的文件夹中，如果"转发"文件夹不存在，则建立一个新文件夹。

第 70 题　将已删除邮件文件夹中主题为"展览"的预删除邮件恢复到发件箱的"好友"文件夹中(用鼠标操作)。

第 71 题　通过"已删除邮件"文件夹对所有预删除的邮件进行彻底删除。

第 72 题　对收件箱中的主题为"考试"的邮件彻底删除。

第 73 题　制定邮件规则，设定"若发件人行中包含用户"为"张扬"，设定将它复制到指定的文件为"收件箱"文件夹目录下的"临时暂存"文件夹。

第 74 题　制定邮件规则，设定"若邮件的长度大于指定的大小"为大于 15000KB；在"选择规则操作"中设定为"不要从服务器下载"。

第 75 题　新建一邮件规则，名为"规则 3"，条件是若邮件带有附件则用红色突出显示。

第 76 题　新建一名为"规则 1"的邮件规则，条件是当发件人行中包含用户"Lucy"，就使用"我的文档"中的名为"OE 教育"的邮件作为答复邮件。

第 77 题　对收件箱的好友文件夹中主题中含有关键词"风景"的邮件创建邮件规则，规则为将其复制到"草稿"文件夹中。

第 78 题　将邮件规则中名为"规则 2"的邮件规则应用于收件箱的好友文件夹。

第 79 题　将全部邮件规则应用于所有文件夹。

第 81 题　通过菜单查找"发件人"为"Jack"的所有邮件。

第 82 题　在本地文件夹中查找主题为"最近还好吗?"并且已经作了标记的电子邮件。

第 83 题　向通讯簿中添加一位姓为"张"名为"伟"的联系人，其邮件地址为 zhangwei@tom.com，并设置邮件仅以纯文本方式发送。

第 83 题　向通讯簿中添加一姓为"司徒"，名为"莎莎"的联系人，其中有两个邮件地址分别为 shasha@163.com 和 shasha@tom.com，同时设置 shasha@tom.com 为默认电子邮件。

第 84 题　将通讯簿中名为"朋友"的组中的联系人"王林"删除。

第 85 题　在联系人列表中通过鼠标右键添加联系人 Pink，邮件地址为 sky@oeoe.com。

第 86 题　将收件箱中主题为"OE 教育"的邮件在不打开邮件的情况下将发件人添加到通讯簿中。

第 87 题　将收件箱中主题为"欢迎使用 Outlook Express 6"的邮件在打开的情况下将所有收件人添加到通讯簿中。

第 88 题　将"我的文档"中名为"yy"的通讯簿导入。

第 89 题　通过"地址"按钮打开通讯簿，把姓名为"Lucy"的邮件用户名复制到共享联系人中。

第 90 题　通过在附注中记录的"非常熟悉"这一信息来查找联系人。

第 91 题　在 Outlook Express 的选项对话框中设置，使联系人"张伟"的名片包含在创建的所有新邮件中。

第 92 题　在已发邮件文件中，使用"此文件夹中的邮件"菜单，查找关键字为"活动安排"的邮件。

第 93 题 在通讯簿对话框窗口中新建共享联系人为"朋友"的组。

第 94 题 打开"通讯簿"对话窗，将通讯簿以"WAB"类型导出到默认路径下，并取名为"通讯簿文件 1"。

第 95 题 通过工具菜单打开通讯簿为"Office"组添加两个用户，姓名分别为"Mary"、"Pink"。

第5章 上传与下载文件

本章考点

掌握的内容★★★

直接上传文件或文件夹

将文件添加到"传输队列"

使用 CuteFTP 下载文件

管理文件

管理文件夹

熟悉的内容★★

添加 FTP 站点

删除 FTP 站点

修改 FTP 站点属性

连接和断开 FTP 站点

了解的内容★

启动和退出 CuteFTP

简单设置菜单选项

设置常用相关属性

5.1 设置 FTP 客户端软件

5.1.1 启动和退出 CuteFTP

考点级别：★

考试分析：

该考点单独考核的概率较小，通常和其他考点一起出考题。

操作方式

方式	菜单	鼠标左键	右键菜单	快捷键	其他方式
类别	【所有程序】→【GolbalSCAPE】→【CuteFTP】→【CuteFTP】【文件】→【退出】				

真 题 解 析

◇题　　目：通过菜单栏命令启动和退出 CuteFTP。

◇考查意图：该题考核如何启动和退出 CuteFTP。

◇操作方法：

1 单击 <u>开始</u> 按钮，在弹出的菜单中选择【所有程序】→【GolbalSCAPE】→

【CuteFTP】→【CuteFTP】菜单命令，打开 CuteFTP 的主窗口，如图 5-1 所示。

2 选择【文件】→【退出】菜单命令，退出 CuteFTP，如图 5-2 所示。

图 5-1 "开始"菜单

图 5-2 菜单栏命令

5.1.2 简单设置菜单选项

考点级别： ★

考试分析：

> 该考点属于了解的考点，但经常出考题。

操作方式

方式	菜单	鼠标左键	右键菜单	快捷键	其他方式
类别	【编辑】→【设置】				

真 题 解 析

◇ **题 目 1**：隐藏 CuteFTP 的工具栏，再设置显示快速连接栏。

◇ **考查意图**：该题考核如何显示或隐藏工具栏和快速启动栏。

◇ **操作方法：**

　　1 在 CuteFTP 窗口中，选择【查看】→【工具栏】菜单命令，去掉"工具栏"前的钩，工具栏就被隐藏了，如图 5-3 所示。

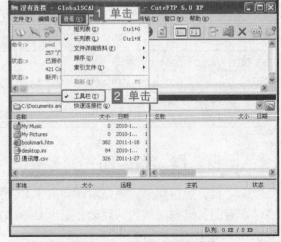

图 5-3 "查看"菜单栏命令

2 再次选择【查看】→【快速启动栏】菜单命令，将显示快速启动栏，如图 5-4 和图 5-5 所示。

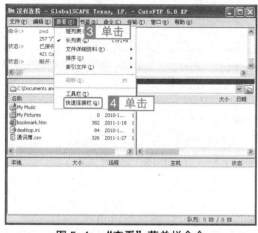

图 5-4　"查看"菜单栏命令　　　　　　　　图 5-5　操作结果

◇**题 目 2**：使用鼠标快捷方式打开"自定义工具栏"对话框，删除工具栏上的"MP3/文件搜索"按钮；将"断开"按钮移至"重新连接"按钮的下面位置。

◇**考查意图**：该题考核如何自定义工具栏。

◇**操作方法**：

1 打开 CuteFTP 窗口，在工具栏中单击鼠标右键，在弹出的快捷菜单中选择【自定义】菜单命令，打开"自定义工具栏"对话框，如图 5-6 所示。

2 在"已选定的按钮"列表框中选择"MP3/文件搜索"按钮，单击 ←-删除(R) 按钮，如图 5-7 所示。

3 在"已选定的按钮"列表框中选择"断开"按钮，单击 向下移(D) 按钮，单击 确定 按钮，如图 5-8 所示。

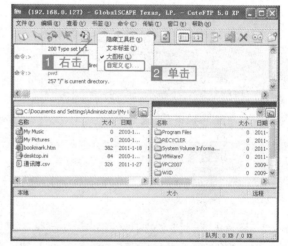

图 5-6　右键菜单命令

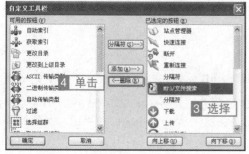

图 5-7　"自定义工具栏"对话框 1

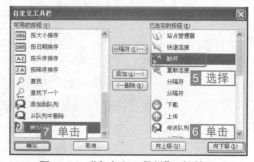

图 5-8　"自定义工具栏"对话框 1

◇**题目 3**：在 CuteFTP 工具栏上的"查看"按钮和"创建目录"按钮之间增加分隔符。

◇**考查意图**：该题考核如何添加分隔线符。

◇**操作方法**：

1 打开"CuteFTP"窗口，选择【编辑】→【设置】菜单命令，打开"设置"对话框，如图 5-9 所示。

2 在其中单击"显示"选项卡，在"工具栏"中单击 自定义(M) 按钮，打开"自定义工具栏"对话框，如图 5-10 所示。

3 在"已选定的按钮"列表框中选择"创建目录"按钮，单击 分隔符(S)--> 按钮，单击 确定 按钮，如图 5-11 所示。

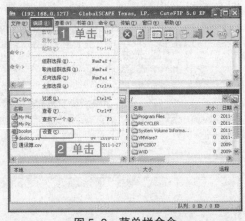

图 5-9　菜单栏命令

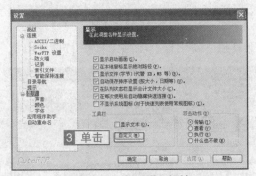

图 5-10　"设置"对话框

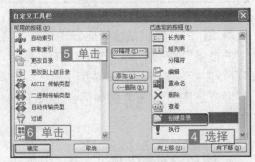

图 5-11　"自定义工具栏"对话框

5.1.3　设置常规相关属性

考点级别：★

考试分析：

> 该考点考核概率较小，命题方式大多为让考生设置某一项属性。

操作方式

方式	菜单	鼠标左键	右键菜单	快捷键	其他方式
类别	【编辑】→【设置】				

真 题 解 析

◇**题目 1**：设置在登录失败时，提示用户和密码，当提示窗口打开 15 秒之后自动关闭。

◇**考查意图**：该题考核如何设置提示相关项。

◇**操作方法**：

1 打开 CuteFTP 窗口，选择【编辑】→【设置】菜单命令，打开"设置"对话框，如图 5-12 所示。

2 单击"提示"节点，在"传输'覆盖 / 续传 / 跳过'提示选项"栏中选中"在□□自动关闭提示窗口"复选框，并且在数值框中输入"15"，如图 5-13 所示。

3 在"其他提示"栏中选中"在登录失败时，提示用户和密码"复选框，单击 确定 按钮，如图 5-13 所示。

图 5-12　菜单栏命令

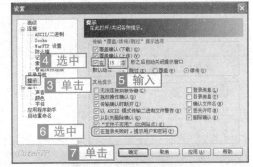

图 5-13　"提示"节点 1

◇**题 目 2**：对当前界面的文件按字节大小显示，在每次站点连接后自动隐藏快速连接。

◇**考查意图**：该题考核如何设置显示相关项。

◇**操作方法**：

1 打开 CuteFTP 窗口，选择【编辑】→【设置】菜单命令，打开"设置"对话框。

2 单击"提示"节点，在"在此调整各种显示设置"栏中，分别选中"显示文件（字节）（代替 KB，MB 等）"复选框和"在每次使用后自动隐藏快速连接"复选框。单击 确定 按钮，如图 5-14 所示。

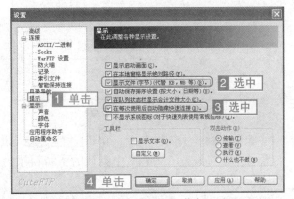

图 5-14　"提示"节点 2

◇**题 目 3**：设置 CuteFTP 的程序字体用"黑体"，登录窗口的字体大小为 10 号。

◇**考查意图**：该题考核如何设置字体。

◇**操作方法**：

1 打开 CuteFTP 窗口，选择【编辑】→【设置】菜单命令，打开"设置"对话框。

2 单击"显示"节点左侧的按钮，在展开的子节点中单击"字体"节点，在右侧的"程序字体"栏中单击 选择字体(S) 按钮，打开"字体"对话框，如图 5-15 所示。

3 在"字体"列表框中选择"黑体"选项，单击 确定 按钮，如图 5-16 所示。

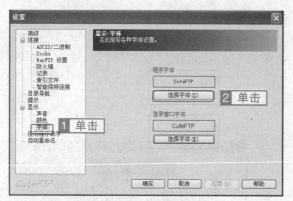

图 5-15 "字体"节点

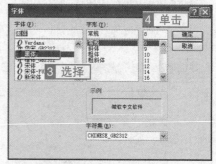

图 5-16 "字体"对话框

4 返回到"字体"节点，在右侧的"程序字体"栏中单击 选择字体(E) 按钮，打开"字体"对话框，在"大小"列表框中选择"10"选项。单击 确定 按钮，如图 5-17 和图 5-18 所示。

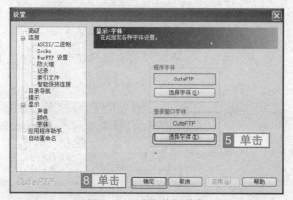

图 5-17 "字体"节点

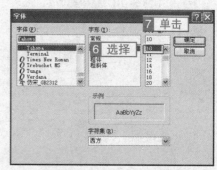

图 5-18 "字体"对话框

5 返回到"字体"节点，单击 确定 按钮。

◇**题 目 4**：设置 CuteFTP 中默认的下载目录为"我的文档"，并且在远程目录中进行自动刷新。

◇**考查意图**：该题考核如何设置目录导航相关项。

◇**操作方法**：

1 打开 CuteFTP 窗口，选择【编辑】→【设置】菜单命令，打开"设置"对话框。

2 单击"目录导航"节点，在"默认下载目录"文本框右侧单击 按钮，打开"浏览文件夹"对话框，在列表框中选择"我的文档"文件夹，单击 确定 按钮，如图 5-19 和图 5-20 所示。

3 返回"设置"对话框，选中"自动刷新远程目录"复选框，单击 确定 按钮。

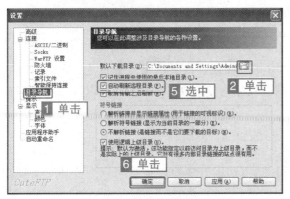
　　　　　　　图 5-19　"目录导航"节点

　　　图 5-20　"浏览文件夹"对话框

◇**题 目 5**：设置用户在下载文件时如果超过 100 秒只接收了 0 字节，就重新连接并续传。

◇**考查意图**：该题考核传输选项设置。

◇**操作方法**：

　　1 打开 CuteFTP 窗口，选择【编辑】→【设置】菜单命令，打开"设置"对话框。

　　2 单击"连接"节点，在右侧的"传输选项"栏选中"启用持续下载"复选框，在"如果在××秒后只接收 0 字节，重新连接并续传"的文本框中输入"100"。单击 确定 按钮，如图 5-21 所示。

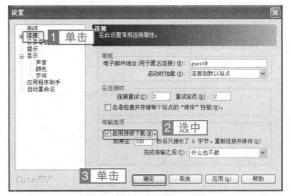
　　　图 5-21　"连接"节点

5.2　添加 FTP 站点

5.2.1　添加 FTP 站点

考点级别：★★

考试分析：

　　该考点考核概率较大，通常考试时会指定考生使用某种方法添加站点。

操作方式

方式	菜单	鼠标左键	右键菜单	快捷键	其他方式
类别	【文件】→【站点管理器】				

真 题 解 析

◇**题 目 1**：使用 CuteFTP 站点管理器方式添加站点，其中站点地址为"ftp.oeoe.com"，用户名为"oeoe"，密码为"123456"，保存在名为 OE 的文件夹中，并以普通登录方式连接该站点。

◇**考查意图**：该题考核如何使用站点管理器方式添加站点。

◇**操作方法**：

1 打开 CuteFTP 窗口，选择【文件】→【站点管理器】菜单命令，打开"站点管理器"对话框，如图 5-22 所示。

2 在左侧的目录列表框中单击鼠标右键，在弹出的快捷菜单中选择【添加新站点】菜单命令，如图 5-23 所示。

图 5-22　菜单栏命令

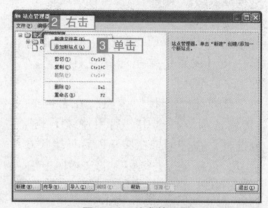

图 5-23　站点管理器

3 在"FTP 主机地址"文本框中输入"ftp.oeoe.com"，在"FTP 站点用户名称"文本框中输入"oeoe"，在"FTP 站点密码"文本框中输入"123456"，在登录类型栏中选中"普通"单选框，单击 连接(C) 按钮，如图 5-24 所示。

图 5-24　设置新建站点

◇**题 目 2**：使用 CuteFTP "连接向导"菜单方式添加站点，其中站点地址为"ftp.oeoe.com"，用户名为"oeoe"，密码为"123456"，其中设置站点标签为"OE 教育"，其余保持默认。

◇**考查意图**：该题考核如何使用"连接向导"菜单方式添加站点。

◇**操作方法**：

1 打开 CuteFTP 窗口，选择【文件】→【连接向导】菜单命令，打开"CuteFTP 连接向导"对话框，如图 5-25 所示。

2 在文本框中输入"OE 教育"，单击 下一步(N) > 按钮，如图 5-26 所示。

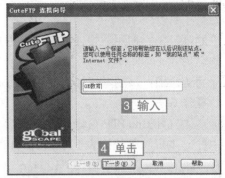

图 5-25　菜单栏命令　　　　　　　　　　　图 5-26　"标签输入"对话框

3 在打开的对话框中，输入"ftp.oeoe.com"，单击 下一步(N) > 按钮，如图 5-27 所示。

4 在打开的对话框中，在"用户名"文本框中输入"oeoe"，在"密码"文本框中输入"123456"，单击 下一步(N) > 按钮，如图 5-28 所示。

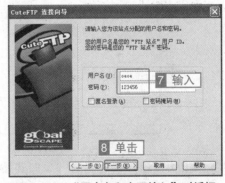

图 5-27　"FTP 主机地址输入"对话框　　　图 5-28　"用户名和密码输入"对话框

5 在打开的对话框中单击 下一步(N) > 按钮，在打开的对话框中单击 完成 按钮，如图 5-29 和图 5-30 所示。

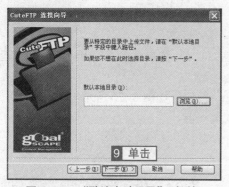

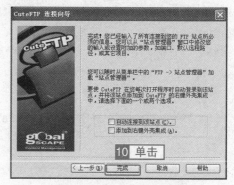

图 5-29 "默认本地目录"对话框   图 5-30 "完成"对话框

◇**题 目 3**：使用"快速连接栏"方式添加 FTP 站点，主机地址为"192.168.0.127"，用户名为"oeoe"，密码为"123456"，新建项目名称为"OE 教育"。

◇**考查意图**：该题考核如何使用"快速连接栏"方式添加站点。

◇**操作方法**：

1 打开 CuteFTP 窗口，单击工具栏中的"快速连接"按钮，在展开的快速连接栏中的"主机"下拉列表框中输入"192.168.0.127"，在"用户名"文本框中输入"oeoe"，在"密码"文本框中输入"123456"，如图 5-31 所示。

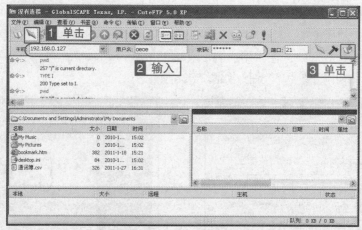

图 5-31 CuteFTP 窗口

2 单击快速连接栏右侧的"添加到站点管理器"按钮，打开"新项目的名称"对话框，在文本框中输入"OE 教育"，单击 确定 按钮，如图 5-32 所示。

3 打开"选择文件夹"对话框，单击 确定 按钮，如图 5-33 所示。

图 5-32　"新项目的名称"对话框

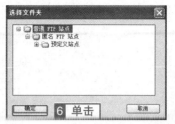

图 5-33　"选择文件夹"对话框

5.2.2　删除 FTP 站点

考点级别：★★

考试分析：

　　该考点考核概率较小，但操作很简单。

操作方式

方式	菜单	鼠标左键	右键菜单	快捷键	其他方式
类别			【删除】		

真 题 解 析

◇**题　　目：**使用快捷工具按钮，在"站点管理"中，删除站点名为"新建站点"的 FTP 站点。

◇**考查意图：**该题考核如何删除站点。

◇**操作方法：**

　　1 打开 CuteFTP 窗口，单击工具栏中的"站点管理器"按钮，打开"站点设置新建站点"对话框，如图 5-34 所示。

　　2 在左侧的目录列表框中选择"新建站点"站点，单击鼠标右键，在弹出的快捷菜单中选择【删除】菜单命令，如图 5-35 所示。

图 5-34　CuteFTP 窗口

图 5-35　"站点设置新建站点"对话框

3 打开确认删除对话框，单击 是(Y) 按钮，如图 5-36 所示。

图 5-36 确认删除对话框

5.2.3 修改 FTP 站点的属性

考点级别： ★★

考试分析：

> 该题考核概率较大，命题方式也比较简单。

操作方式

方式	菜单	鼠标左键	右键菜单	快捷键	其他方式
类别	【文件】→【站点管理器】				

真 题 解 析

◇**题 目 1：** 修改"新建站点"站点的默认本地目录为 D 盘。

◇**考查意图：** 该题考核如何设置默认本地目录。

◇**操作方法：**

1 打开 CuteFTP 窗口，选择【文件】→【站点管理器】菜单命令，打开"站点管理器"对话框。

2 在左侧列表框中选择"新建站点"，单击 编辑(E)... 按钮，打开"设置"对话框，如图 5-37 所示。

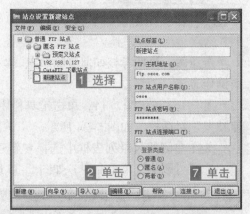

图 5-37 "站点设置新建站点"对话框

3 在"常规"选项卡的"默认本地目录"文本框右侧单击 按钮，打开"浏览文件夹"对话框，如图 5-38 和图 5-39 所示。

4 在其中选择 D 盘，单击 确定 按钮，返回设置对话框，单击 确定 按钮，返回站点管理器，单击 退出(X) 按钮。

图 5-38　"设置"对话框　　　　　图 5-39　"浏览文件夹"对话框

◇**题 目 2**：将 CuteFTP 站点管理器中"新建站点"站点下载时不检查文件大小。

◇**考查意图**：该题考核如何设置关闭下载时检查文件大小。

◇**操作方法**：

1 打开 CuteFTP 窗口，选择【文件】→【站点管理器】菜单命令，打开"站点管理器"对话框。

2 在左侧列表框中选择"新建站点"，单击 编辑(E)... 按钮，打开"设置"对话框。

3 单击"高级"选项卡，在"下载时检查文件大小"下拉列表框中选择"关"选项，单击 确定 按钮，如图 5-40 所示。

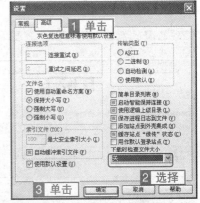

图 5-40　"高级"选项卡

5.2.4　连接和断开 FTP 站点

考点级别：★★

考试分析：

该考点考核概率较小，通常结合其他考点一起考核。

操作方式

方式	菜单	鼠标左键	右键菜单	快捷键	其他方式
类别					工具栏

真 题 解 析

◇**题　　目**：通过"快速连接栏"连接 FTP 站点，主机地址为"192.168.0.127"，用户名为"oeoe"，密码为"123456"，然后再断开。

◇**考查意图：**该题考核如何连接和断开 FTP 站点。

◇**操作方法：**

1 打开 CuteFTP 窗口，单击工具栏中的"快速连接"按钮，在工具栏的下面将显示"快速连接栏"，如图 5–41 所示。

2 在其中的"主机"下拉列表框中输入"192.168.0.127"，在"用户名"文本框中输入"oeoe"，在"密码"文本框中输入"123456"，如图 5–42 所示。

3 单击 按钮，连接成功后，在工具栏中单击 按钮，断开连接，如图 5–43 所示。

图 5–41　CuteFTP 窗口

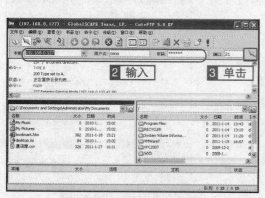

图 5–42　在快速连接栏输入

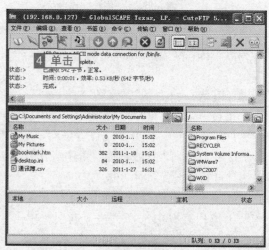

图 5–43　"成功连接" CuteFTP 窗口

5.3　上传和下载文件或文件夹

5.3.1　直接上传文件或文件夹

考点级别：★ ★ ★

考试分析：

该考点考核概率较大，但操作都比较简单。

操作方式

方式	菜单	鼠标左键	右键菜单	快捷键	其他方式
类别					工具栏

真 题 解 析

◇题　　目：向"新建站点"站点（192.168.0.127）上传"OE 教育.doc"文件。

◇**考查意图：**该题考核如何上传文件。

◇操作方法：

1 打开 CuteFTP 窗口，单击工具栏中的"快速连接"按钮，打开快速连接栏。

2 在其中的"主机"下拉列表框中输入"192.168.0.127"，在"用户名"文本框中输入"oeoe"，在"密码"文本框中输入"123456"。

3 单击右侧的 ✎ 按钮，开始连接到站点。在本地资源列表显示窗格中，单击 按钮，选择"OE 教育.doc"文件，单击工具栏中的"上传"按钮 ⬆，如图 5-44 所示。

4 稍等片刻，远程资源列表显示窗格中即可看到上传的文件，如图 5-45 所示。

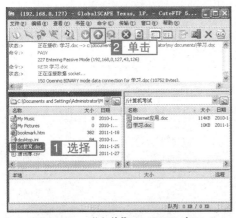

图 5-44　"上传"CuteFTP 窗口

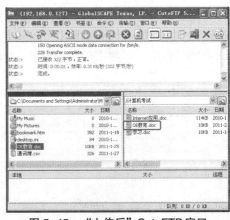

图 5-45　"上传后"CuteFTP 窗口

5.3.2　将文件添加到"传输队列"

考点级别：★ ★ ★

考试分析：

> 该考点考核概率较大，在考试时通常要求考生将文件添加到"传输队列"进行上传。

操作方式

方式	菜单	鼠标左键	右键菜单	快捷键	其他方式
类别	【传输】→【队列】→【添加到队列】				

真 题 解 析

◇**题 目 1：**将当前本地目录中的名为"OE 教育.doc"的文件，添加到传输队列中，并上传到站点（192.168.0.127）。

◇**考查意图：**该题考核如何将文件添加到传输队列并上传。

◇操作方法:

1 打开 CuteFTP 窗口，单击工具栏中的"快速连接"按钮，打开快速连接栏。

2 在其中的"主机"下拉列表框中输入"192.168.0.127"，在"用户名"文本框中输入"anonymous"。

3 单击右侧的 ✎ 按钮，开始连接到站点。在本地资源列表显示窗格中，选择"OE 教育.doc"文件，选择【传输】→【队列】→【添加到队列】菜单命令，如图 5–46 所示。

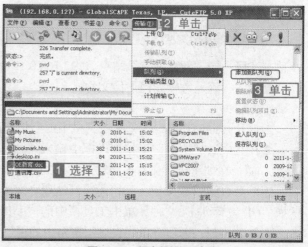

图 5–46 添加到队列命令

4 在队列列表显示窗格中，选择队列文件，选择【传输】→【传输队列】菜单命令，稍等片刻，远程资源列表显示窗格中即可看到上传的文件，如图 5–47 和图 5–48 所示。

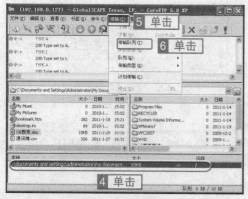

图 5–47 传输队列命令

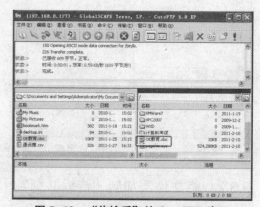

图 5–48 "传输后"的 CuteFTP 窗口

◇**题 目 2**：将当前传输队列中的文件设置在 2012 年 12 月 21 日 23 点 59 分 59 秒发送。

◇**考查意图**：该题考核如何设置传输队列的发送时间。

◇**操作方法**：

1 选择当前传输队列文件，选择【传输】→【计划传输】菜单命令，如图 5–49 所示。

2 打开"计划表"对话框，选中"起用计划表"复选框，选中"计划当前队列"复选框，弹出"计划传输"对话框，如图 5–50 所示。

图 5-49　计划传输命令

图 5-50　"计划表"对话框

3 在数值框中分别输入"23:59:59"和"2012-12-21"，单击 确定 按钮，如图 5-51 和图 5-52 所示。

图 5-51　"计划传输"对话框

图 5-52　"计划表"对话框

5.3.3　使用 CuteFTP 下载文件

考点级别：★★★

考试分析：

> 该考点考核概率较大，操作比较简单，命题方式和上传相似。

操作方式

方式	菜单	鼠标左键	右键菜单	快捷键	其他方式
类别					工具栏

真题解析

◇**题　　目：** 将当前远程目录中的名为"OE 教育"文件夹中的"学习.doc"文件下载到"我的文档"文件夹中。

◇**考查意图：**该题考核如何下载文件。

◇**操作方法：**

1 打开 CuteFTP 窗口，单击工具栏中的"快速连接"按钮，打开快速连接栏。

2 在其中的"主机"下拉列表框中输入"192.168.0.127"，在"用户名"文本框中输入"anonymous"。

3 单击右侧的 ✎ 按钮，开始连接到站点。在本地资源列表显示窗格中，选择"我的文档"，如图 5-53 所示。

图 5-53　选择"我的文档"

4 在远程资源列表显示窗格中双击"OE 教育"文件夹，在打开的文件中选择"学习.doc"文件，单击工具栏中的"下载"按钮 ⬇ ，在本地资源列表显示窗格中即可看到下载的文件，如图 5-54 和图 5-55 所示。

图 5-54　选择"学习.doc"文件

图 5-55　下载后的"CuteFTP 窗口"

5.4　管理文件或文件夹

5.4.1　管理文件

考点级别：★★★

考试分析：

　　该考点考核概率较大，但操作比较简单。

操作方式

方式	菜单	鼠标左键	右键菜单	快捷键	其他方式
类别			【移动】		
			【删除】		

真 题 解 析

◇**题 目 1**：将远程服务器中名为"学习.doc"的文件移动到名为 "OE 教育"的文件夹中，并打开"OE 教育"的文件夹。

◇**考查意图**：该题考核如何移动文件。

◇**操作方法**：

1 打开 CuteFTP 窗口，单击工具栏中的"快速连接"按钮，打开快速连接栏。

2 在其中的"主机"下拉列表框中输入"192.168.0.127"，在"用户名"文本框中输入"anonymous"。

3 单击右侧的 ✎ 按钮，开始连接到站点。在远程资源列表显示窗格中，选择"学习.doc"文件，单击鼠标右键，在弹出的快捷菜单中选择【移动】菜单命令，如图 5-56 所示。

4 在打开的"将文件移动到"对话框中输入"OE 教育"，单击 确定 按钮，如图 5-57 所示。

图 5-56　右键菜单

图 5-57　"将文件移动到"对话框

5 再双击"OE 教育"文件夹，就会看到刚刚移动过来的"学习.doc"文件，如图 5-58 和图 5-59 所示。

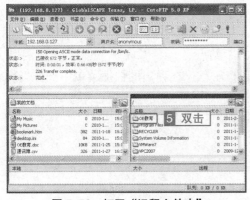

图 5-58　打开"远程文件夹"

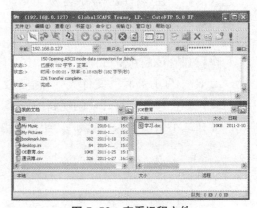

图 5-59　查看远程文件

◇题 目 2：将远程服务器中名为"学习.doc"的文件删除。

◇考查意图：该题考核如何删除文件。

◇操作方法：

1 打开 CuteFTP 窗口，单击工具栏中的"快速连接"按钮，打开快速连接栏。

2 在其中的"主机"下拉列表框中输入"192.168.0.127"，在"用户名"文本框中输入"anonymous"。

3 单击右侧的 按钮，开始连接到站点。在远程资源列表显示窗格中，选择"学习.doc"文件，单击鼠标右键，在弹出的快捷菜单中选择【删除】菜单命令，如图 5-60 所示。

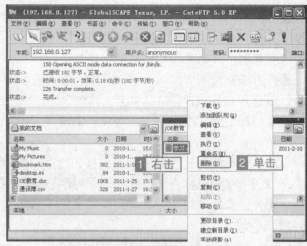

图 5-60 右键菜单命令

5.4.2 管理文件夹

考点级别：★ ★ ★

考试分析：

> 该考点虽然是熟练掌握内容，但单独考核概率较小。

操作方式

方式	菜单	鼠标左键	右键菜单	快捷键	其他方式
类别			【新建目录】		

真 题 解 析

◇题 目 1：在远程服务器中名为"OE 教育"的文件夹下建立一个新目录，名为"职称"。

◇考查意图：该题考核如何新建文件夹。

◇操作方法：

1 打开 CuteFTP 窗口，连接到"192.168.0.127"站点。

2 双击"OE 教育"文件夹，在空白处单击鼠标右键，在弹出的快捷菜单中选择【新建目录】菜单命令，打开"创建新的目录"对话框，如图 5-61 所示。

3 在文本框中输入"职称"，单击 确定 按钮，如图 5-62 所示。

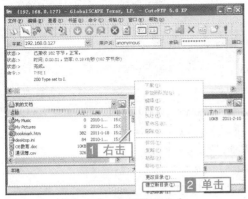

图 5-61　右键菜单命令

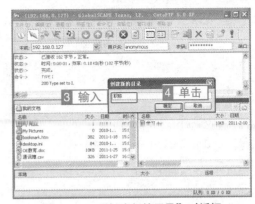

图 5-62　"创建新的目录"对话框

◇**题 目 2：** 使用工具栏按钮，把远程服务器中名为"OE 教育"文件夹，更名为"职称考试"。

◇**考查意图：** 该题考核如何重命名远程文件夹。

◇**操作方法：**

1 打开 CuteFTP 窗口，连接到"192.168.0.127"站点。

2 在远程资源列表显示窗格中，选择"OE 教育"文件夹，单击鼠标右键，在弹出的快捷菜单中选择【重命名】菜单命令，打开"重命名"对话框，如图 5-63 所示。

3 在文本框中输入"职称考试"，单击 确定 按钮，如图 5-64 所示。

图 5-63　右键菜单命令

图 5-64　"重命名"对话框

本章考点及其对应操作方式一览表

考点	考频	操作方式
启动和退出 CuteFTP	★	【所有程序】→【GolbalSCAPE】→【CuteFTP】→【CuteFTP】【文件】→【退出】
简单设置菜单选项	★	【编辑】→【设置】
设置常规相关属性	★	【编辑】→【设置】
添加 FTP 站点	★★	【文件】→【站点管理器】
删除 FTP 站点	★★	【删除】
修改 FTP 站点的属性	★★	【文件】→【站点管理器】
连接和断开 FTP 站点	★★	工具栏
直接上传文件或文件夹	★★★	工具栏
将文件添加到"传输队列"	★★★	【传输】→【队列】→【添加到队列】
使用 CuteFTP 下载文件	★★★	工具栏
管理文件	★★★	【移动】【删除】
管理文件夹	★★★	【新建目录】

通 关 真 题

CD　注·以下测试题可以通过光盘【实战教程】→【通关真题】进行测试。

第 1 题　通过鼠标右键操作将工具栏中的"上传"按钮移动到"断开"和"重新连接"按钮之间。

第 2 题　从当前界面开始，通过对属性的设置，使其每次操作后不隐藏快速连接工具栏。

第 3 题　在"快速连接栏"中输入连接信息，其中主机为 pigdx.2233.org，用户名为 oeoe，密码为 oeoe.org，端口号为 21，并设置连接中使用防火墙设置。

第 4 题　在"本地文件夹"下创建一个"重点"文件夹。

第 5 题　通过菜单栏调出"快速连接"栏，连接主机"202.40.35.1"用户名和密码为"2011"。

第 6 题　修改 CuteFTP 站点管理器中 sun 文件夹下标识名为 1 的站点的登录类型为普通登录。

第 7 题　将 CuteFTP 站点管理器中 sun 文件夹下标识名为 1 的站点设置成使用全局设置来检查下载时文件大小。

第 8 题　将 CuteFTP 站点管理器中 sun 文件夹下标识名为 1 的站点设置为文件名"保持大小写"。

第 9 题　在"站点管理器"窗口使用鼠标右键，修改名为"music"的站点属性，通过"高级"选项卡修改为"简单目录列表"。

第 10 题　从当前界面开始，通过属性的设置，使其记录保存日志文件。

第 11 题　通过重连方式在站点断开一段时间后，重新连接上。

第 12 题　使用"粘贴 URL"对话框，对 FTP 站点 192.168.1.100 进行连接，用户名和密码均为 oeoe。

第 13 题　通过快速连接栏对 FTP 站点 xiaoxue:xiaoxue@ftp.xiaoxue.cn 进行连接。

第 14 题　对当前连接的站点断开。

第 15 题　使用菜单方式把本地文件夹"679"上传到远程文件夹"sun"中。

第 16 题　请将本地文件夹"moon"上传到远程文件夹"sun"中。

第 17 题　通过鼠标右键菜单方式，将本地"图片"文件夹中的网页文件"file123.html"添加到队列中，再进行上传。

第 18 题　使用快捷菜单打开远程站点中文件"679\sanwen.txt"，在标题"与平庸一起栖息"后，输入文本(余秋雨)，保存修改且上传。

第 19 题　将当前传输队列中的文件的发送时间改成 2011 年 2 月 10 日 16 点 40 分 45 秒，并设置在传送前显示倒计时器。

第 20 题　将当前远程目录中的名为"679"的文件夹下载到"我的文档"文件夹中。

第 21 题　将当前远程目录中的名为"679"的文件夹，添加到传输队列中，并进行传输。

第 22 题　将当前传输队列中的所有文件删除。

第 23 题　使用工具栏按钮，把本地文件夹"我的文档"文件夹中的"文档"文件夹，更名为"ppt2003"。

第 24 题　使用快捷工具栏按钮，恢复上一次断开的 FTP 站点连接。

第 25 题　在当前状态下将远程服务器中名为"notice"的文件在不下载的情况下进行编辑，修改"223 教室"为"115 教室"，然后直接保存，并在关闭编辑窗口后上传。

第 26 题　从当前界面开始通过对属性的设置，使其下载时不出现覆盖文件确认的提示框。

第 27 题　设置在连接过程中无法连接到服务器时显示提示信息。

第 28 题　在"站点管理器"中，使用鼠标右键菜单方式，修改 FTP 站点名为 sunshine 的站点属性，使"sunshine"站点"启动过滤"功能，并区分大小写进行过滤。

第 29 题　设置显示声音为星号。

第 30 题　在"站点管理器"中使用菜单方式新建 FTP 站点，并命名为"OE"；FTP 主机地址为 21.125.225.78；FTP 站点用户名为 sun；站点密码为 259846。

第 31 题　设置在当前界面中显示队列状态栏，并设置在队列状态栏中显示合计文件大小。

第 32 题　设置在 CuteFTP 界面中显示系统图标，鼠标双击表示对文件进行传输。

第 33 题　在"站点管理器"窗口中，修改 FTP 站点名为"SOS"的站点属性，输入"SOS" FTP 站点的"默认本地目录"为 D:\Download\SOS。

第 34 题　通过菜单栏打开自定义工具栏面板。

第 35 题　设置当文件下载成功时扬声器发出鸣叫声。

第 36 题　设置 CuteFTP 中远程和本地窗格焦点指示器用红色显示。

第 37 题　设置状态日志错误命令的文本颜色为淡蓝色。

第 38 题　在 CuteFTP 窗口中，将本地文件夹"我的电脑"的"长目录列表"设为"短目录列表"。

第 39 题　设置在每次下载文件时打开的本地目录都是上次下载所打开的文件夹。

第 40 题　设置对符号连接中的链接进行解析，并显示链接属性。

第 41 题　设置 CuteFTP 在启动时加载站点管理器，在连接不通的情况下重连接的次数不超过 3 次。

第 42 题　在"站点管理器"窗口中，将 FTP 站点"books"的站点注释修改为"计算机 – 网络 – 图形图像处理"。

第 43 题　在连接到 FTP 站点时自动检测站点的"续传"性能。

第 44 题　设置用户在下载文件时能持续下载。

第 45 题　设置在传输完成后自动从站点断开。

第 46 题　通过工具栏按钮，删除远程文件夹中的 song/kin 文件夹。

第 47 题　使用鼠标右键菜单方式，下载远程文件夹"图片 /12"到本地文件夹中。

第 48 题　使用快捷工具按钮，传输本地文件夹"fly"到远程"song"文件夹中。

第 49 题　使用鼠标右键打开远程"song"文件夹中的文本文件"solve.txt"，在正文最后一行输入文本"请及时更新杀毒软件"，保存修改且上传。

第 50 题　从当前界面开始，通过对属性的设置，使其在删除队列时不出现删除确认对话框。

第 51 题　使用鼠标直接拖动方式，将远程文件夹 song 中的图形文件"DVD+r.ico"下载到本地文件夹中。

第 52 题　从当前界面开始，通过对属性的设置，使持续传输的时间为 60 秒。

第 53 题　在"计算机管理"窗口中，使用鼠标，将"FTP"组更名为"FTPusers"。

第 54 题　使用工具栏按钮，把本地文件夹"D:\Download\常用工具"文件夹更名为"网络工具"。

第6章　即时通信工具的使用

本章考点

掌握的内容★★★
设置用户状态
收发消息相关设置
利用 MSN 进行信息传递
使用语音进行聊天及相关设置
两用户与多用户会话设置
查找和添加联系人

熟悉的内容★★
下载 MSN
安装 MSN
MSN 其余参数设置
成为合法的 MSN 帐户
利用 MSN 传送文件和邮件
利用 MSN 在用户之间进行文件共享

了解的内容★
设置隐私选项

6.1　使用 MSN

6.1.1　下载 MSN

考点级别：★★

考试分析：

该考点考核概率较小，操作简单。

操作方式

方式	菜单	鼠标左键	右键菜单	快捷键	其他方式
类别					地址栏

真 题 解 析

◇**题　　目：** 在 http://www.windowslive.cn/get/ 中下载 MSN7.0 到 "我的文档" 文件夹中。

◇**考查意图：** 该题考核如何下载 MSN 软件。

◇**操作方法：**

1 打开 IE 浏览器，在地址栏中输入 "http://www.windowslive.cn/get/"，按 Enter 键，打开 MSN 的官方网站下载页面，如图 6-1 所示。

2 在单击"立刻下载"超链接，打开"文件下载 - 安全警告"对话框，单击 保存(S) 按钮，如图 6-2 所示。

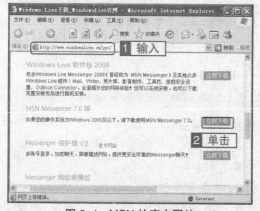

图 6-1　MSN 的官方网站

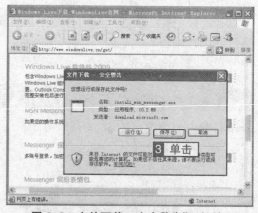

图 6-2　文件下载 - 安全警告"对话框

3 打开"另存为"对话框，单击 按钮，单击 保存(S) 按钮，如图 6-3 所示。
4 打开下载进度对话框，下载完毕关闭该对话框，如图 6-4 所示。

图 6-3　"另存为"对话框

图 6-4　"下载完毕"对话框

6.1.2　安装 MSN

考点级别： ★★

考试分析：

> 该考点考核概率较大，通常的命题方式是直接要求考生安装 MSN。

操作方式

方式	菜单	鼠标左键	右键菜单	快捷键	其他方式
类别					运行安装文件

真 题 解 析

◇题　　目：在当前对"我的文档"文件夹中名为 "install_msn_messenger.exe" 的 MSN 工具软件进行安装。

◇考查意图：该题考核如何安装 MSN 工具软件。

◇操作方法：

1 在"我的文档"文件夹中，双击"install_msn_messenger.exe"安装程序，打开安装界面，单击 下一步(N) > 按钮，打开"'使用条款'和'隐私声明'"对话框，如图 6-5 所示。

2 选中"我接受'使用条款'和'隐私声明'中的条款"单选框，单击 下一步(N) > 按钮，打开"选择其他的功能和设置"对话框，如图 6-6 所示。

图 6-5　安装 MSN Messenger

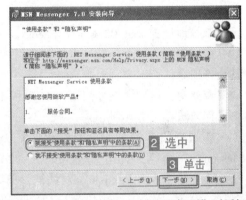

图 6-6　"'使用条款'和'隐私声明'"对话框

3 保持默认设置，单击 下一步(N) > 按钮，打开"正在安装 MSN Messenger"对话框，如图 6-7 所示。

4 开始安装 MSN，并显示安装进度，完成后会在对话框中提示"已经成功安装 MSN Messenger"，单击 完成 按钮，如图 6-8 所示。

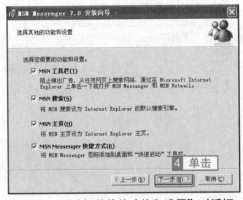

图 6-7　"选择其他的功能和设置"对话框

图 6-8　"安装完成"对话框

6.1.3 成为合法的 MSN 帐户

考点级别： ★ ★
考试分析：

> 该考点考核概率较小，操作步骤比较繁琐。

操作方式

方式	菜单	鼠标左键	右键菜单	快捷键	其他方式
类别	【开始】→【所有程序】→【MSN Messenger7.0】				

真 题 解 析

◇**题 目 1：** 在即时通信工具 MSN 中，从当前界面开始把自己的邮箱注册为 Passport，已知邮箱地址为 wxd_024@hotmail.com，密码设置为 123456，密码提示问题为第一个宠物的名字，答案为豆豆，验证框内的字符按照图片提示进行输入，字符输入不区分大小写，其余选项默认。

◇**考查意图：** 该题考核如何通过.NET Passport 向导注册 MSN 帐户。

◇**操作方法：**

1 选择【开始】→【所有程序】→【MSN Messenger 7.0】菜单命令，打开"MSN Messenger"窗口，单击 登录(S) 按钮，如图 6-9 和图 6-10 所示。

2 打开".NET Passport"对话框，单击 下一步(N) > 按钮。

图 6-9 开始菜单命令

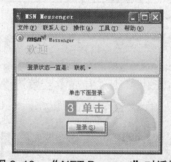

图 6-10 ".NET Passport"对话框

3 打开"有电子邮件地址吗？"对话框，选中"没有，注册一个免费的 MSN Hotmail 电子邮件"单选框，单击 下一步(N) > 按钮。打开"注册 MSN Hotmail"对话框，单击 下一步(N) > 按钮，如图 6-11 和图 6-12 所示。

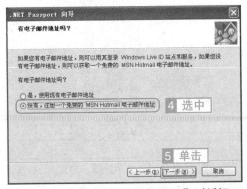

图 6-11　"有电子邮件地址吗?"对话框

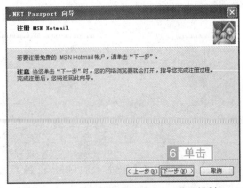

图 6-12　"注册 MSN Hotmail"对话框

4 启动 IE 浏览器，进入"注册"界面，在"电子邮件地址"文本框中输入 "wxd_024@hotmail.com"，单击 确定帐户未被使用 按钮确认该账户。在"密码"和"重 新键入密码"文本框中输入密码"123456"，在"创建密码重新设置选项"栏中设置密码 问题，在"输入账户信息"栏中输入相关信息，在"请键入您在此图片中看到的字符" 栏的"字符"文本框中输入"图片"栏中的字符，单击 接受 按钮，如图 6-13 和 图 6-14 所示。

图 6-13　"注册"界面 1

图 6-14　"注册"界面 2

5 打开新的窗口，显示邮件注册成功，回到.NET Passport 向导，单击 < 上一步(B) 按钮，如图 6-15 所示。

6 返回"有电子邮件地址吗?"对话框，选中"是，使用现有的电子邮件地址"单选 框，单击 下一步(N) > 按钮，打开"您已经注册了吗?" 对话框，选中"有，使用我的 Windows Live ID 凭据登录"单选框，单击 下一步(N) > 按钮，如图 6-16 所示。

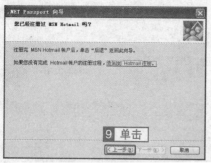

图 6-15　"您已经注册过 MSN Hotmail 吗?"对话框

图 6-16　"有电子邮件地址吗?"对话框

7 打开"使用您的 Windows Live ID 凭据登录"对话框, 在"电子邮件地址"文本框中输入"wxd_024@hotmail.com", 在"密码"文本框中输入"123456", 单击 下一步(N) > 按钮, 如图 6-17 所示。

8 打开"已就绪"对话框, 单击 完成 按钮, 如图 6-18 所示。

图 6-17　"使用你的 Windows Live ID 凭据登录"对话框

图 6-18　"已就绪"对话框

◇**题 目 2**: 在当前状态下利用邮箱地址为 wxd024@sina.com, 密码为 123456 注册为 MSN 帐户。

◇**考查意图**: 该题考核用邮箱地址注册 MSN 帐户。

◇**操作方法**:

1 启动 MSN, 打开"MSN Messenger"窗口, 单击"使用其他电子邮件地址登录"超链接, 如图 6-19 所示。

2 打开".NET Messenger Service"对话框, 单击左下角的"获得一个.NET Passport"超链接, 如图 6-20 所示。

图 6-19　"MSN Messenger"窗口

图 6-20　".NET Passport Service"对话框

3 打开 "将 .NET Passport 添加到 Windows XP 用户帐户" 对话框，单击 [下一步(N) >] 按钮，如图 6-21 所示。

4 打开 "有电子邮件地址吗？" 对话框，选中 "是，使用现有的电子邮件地址" 单选框，单击 [下一步(N) >] 按钮，如图 6-22 所示。

图 6-21　　".NET Passport 向导" 对话框

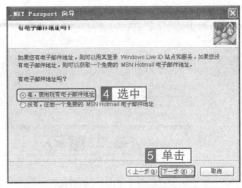

图 6-22　　"有电子邮件地址吗？" 对话框

5 打开 "您已经注册了吗？" 对话框，选中 "没有，立即注册" 单选框，单击 [下一步(N) >] 按钮，如图 6-23 所示。

6 打开 "注册 Windows Live ID" 对话框，单击 [下一步(N) >] 按钮，启动 IE 浏览器，进入 "注册" 界面，在其中的 "电子邮件地址" 文本框中输入 "wxd024@sina.com"，在其他文本框中输入相关信息，单击 [继续] 按钮，如图 6-24 和图 6-25 所示。

图 6-23　　"您已经注册了吗？" 对话框

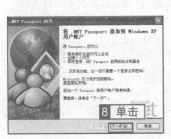

图 6-24　　"注册 Windows Live ID" 对话框

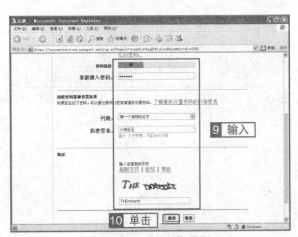

图 6-25　　"注册" 界面

7 打开"查看并签署协议"页面，在文本框中再次输入邮箱地址，单击 接受 按钮，打开"您已经创建了凭据"对话框，显示邮件成功注册，如图 6-26 所示。

8 回到.NET Passport 向导，单击 〈上一步(B) 按钮，返回"您已经注册了吗?"对话框，选中"有，使用我的 Windows Live ID 凭据登录"单选框，单击 下一步(N) 〉按钮，如图 6-27 所示。

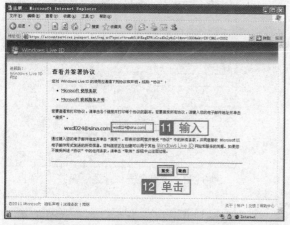

图 6-26 "查看并签署协议"页面   图 6-27 "您已经注册了吗?"对话框

9 打开"使用您的 Windows Live ID 凭据登录"对话框，在其中的"电子邮件地址"文本框中输入"wxd024@sina.com"，在"密码"文本框中输入"123456"，单击 下一步(N) 〉按钮，打开"已就绪!"对话框，单击 完成 按钮，如图 6-28 和图 6-29 所示。

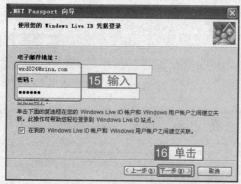

图 6-28 "使用您的 Windows Live ID 凭据登录"对话框   图 6-29 "已就绪"对话框

6.2　设置 MSN

6.2.1　设置用户状态

考点级别：★ ★ ★

考试分析：

　　该考点考核概率较大，操作简单，通过率高。

操作方式

方式	菜单	鼠标左键	右键菜单	快捷键	其他方式
类别			【我的状态】→【外出就餐】		

真 题 解 析

◇**题　　目：**通过联机图标将 MSN 设置为"外出就餐"状态。

◇**考查意图：**该题考核如何设置用户状态。

◇**操作方法：**

　　1 在 Windows 桌面上用鼠标右键单击右下角任务栏中的 MSN 联机图标，从弹出的菜单中选择【我的状态】→【外出就餐】菜单命令，如图 6-30 所示。

　　2 从当前窗口或其他用户的 MSN 联系人列表框中即可看到设置外出就餐状态效果，如图 6-31 所示。

图 6-30　右键菜单

图 6-31　外出就餐状态效果

6.2.2　查找和添加联系人

考点级别：★ ★ ★新

考试分析：

　　该考点考核概率较大，命题方式比较简单，通常都是直接要求进行某一项操作。

操作方式

方式	菜单	鼠标左键	右键菜单	快捷键	其他方式
类别	【联系人】→【添加联系人】				

真 题 解 析

◇**题 目 1**：在即时通信工具 MSN 中，从当前界面开始，将用户"wxd024@sina.com"添加为联系人。

◇**考查意图**：该题考核如何添加联系人。

◇**操作方法**：

1 登录 MSN，选择【联系人】→【添加联系人】菜单命令，打开"添加联系人"对话框，如图 6–32 所示。

2 打开"添加联系人"对话框，选中"根据电子邮件地址创建新的联系人"单选框，单击 下一步(N) > 按钮，如图 6–33 所示。

图 6-32 菜单栏命令

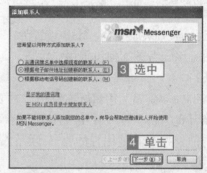

图 6-33 "添加联系人"对话框

3 在对话框的"请输入您的联系人的电子邮件地址"文本框中输入"wxd024@sina.com"，单击 下一步(N) > 按钮，如图 6–34 所示。

4 打开"成功！wxd024@sina.com 已经添加到您的名单中"对话框，选中"向此人发送关于 MSN Messenger 的电子邮件"复选框，单击 下一步(N) > 按钮，如图 6–35 所示。

图 6-34 "输入电子邮件"对话框

图 6-35 成功添加对话框

5 打开"已完成!"对话框,单击 完成 按钮,如图 6-36 所示。

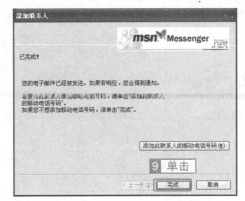

图 6-36 "已完成!"对话框

6.2.3 设置隐私选项

考点级别: ★

考试分析:

该考点为了解内容,考核概率较小。

操作方式

方式	菜单	鼠标左键	右键菜单	快捷键	其他方式
类别	【工具】→【选项】				

真 题 解 析

◇题 目:设置只允许名为"娟"的用户能看到我的联机状态并且能向我发送消息,其余联系人设置为阻止状态。

◇考查意图:该题考核如何设置允许和阻止名单。

◇操作方法:

1 登录 MSN,选择【工具】→【选项】菜单命令,打开"选项"对话框,如图 6-37 所示。

2 单击"隐私"选项卡,在"允许名单"列表框中依次选中除了"娟"的名,再依次单击 阻止(K) >> 按钮,如图 6-38 所示。

3 在"允许名单"列表框中只留下"娟"的联系人,单击 确定 按钮,如图 6-39 所示。

图 6-37 菜单栏命令

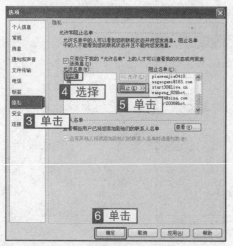
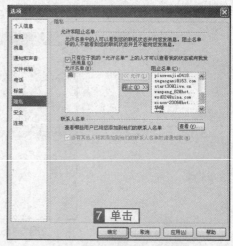

图 6-38 "隐私"选项卡   图 6-39 "隐私"选项卡

6.2.4 MSN 其余参数设置

考点级别： ★★

考试分析：

> 该考点是要求熟悉的内容，考核概率较大。

操作方式

方式	菜单	鼠标左键	右键菜单	快捷键	其他方式
类别	【工具】→【选项】				

真 题 解 析

◇**题 目 1**：在 MSN 即时通信工具中，从当前界面开始，将收发消息时显示的图片设置为"D:\OE 教育 \ oe.gif"。

◇**考查意图**：该题考核如何更改我的显示图片。

◇**操作方法：**

1 登录 MSN，选择【操作】→【选项】菜单命令，打开"选项"对话框，如图 6-40 所示。

2 在左侧的列表框中单击"个人信息"选项卡，在"我的显示图片"栏中单击 更改图片(C)... 按钮，打开"我的显示图片"对话框，如图 6-41 所示。

图 6-40　菜单栏命令

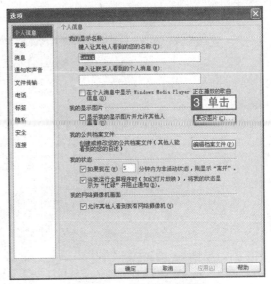

图 6-41　"选项"对话框

3 单击 浏览(B)... 按钮，打开"选择显示图片"对话框，如图 6-42 所示。

4 在"查找范围"下拉列表框中选择 D 盘的"OE 教育"文件夹，在列表框中选择"oe.gif"图片，单击 打开(O) 按钮，如图 6-43 所示。

图 6-42　"我的显示图片"对话框

图 6-43　"选择显示图片"对话框

5 连续单击 确定 按钮。

◇**题目 2**：设置当我登录到 Windows 时自动运行 Messenger，并在登录时禁止显示 MSN 今日焦点。

◇**考查意图**：该题考核常规选项卡的相关设置。

◇**操作方法**：

1 登录 MSN，选择【工具】→【选项】菜单命令，打开"选项"对话框。

2 在左侧的列表框中单击"常规"选项卡，选中"当我登录到 Windows 时自动运行 Messenger"复选框，再取消选中"Messenger 登录时显示 MSN 今日焦点"复选框。单击

确定 按钮，如图 6-44 所示。

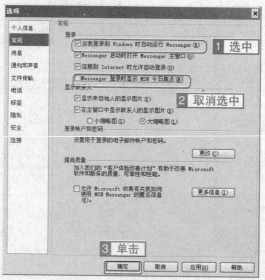

图 6-44 "常规"选项卡

6.3 使用 MSN 进行信息通信

6.3.1 利用 MSN 进行信息传递

考点级别： ★★★

考试分析：

该考点考核概率较大，命题方式主要是设置文字字体、添加表情和背景图片。

操作方式

方式	菜单	鼠标左键	右键菜单	快捷键	其他方式
类别					双击某用户

真题解析

◇**题 目 1：** 利用菜单在当前界面设置"字体"为粗体，并向当前用户发送消息"How do you do?"。

◇**考查意图：** 该题考核字体设置。

◇**操作方法：**

1 登录 MSN，打开"对话"窗口，选择【编辑】→【更改字体】菜单命令，打开"更改我的消息字体"对话框，如图 6-45 所示。

2 在"字形"列表框中选择"粗体",单击 确定 按钮,如图 6-46 所示。

3 在发送框内输入"How do you do?"然后单击 发送 按钮,如图 6-47 所示。

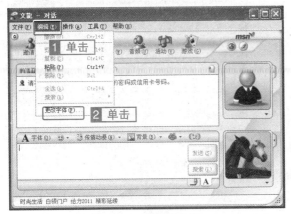

图 6-45 菜单栏命令

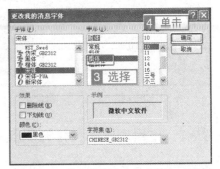

图 6-46 "更改我的消息字体"对话框

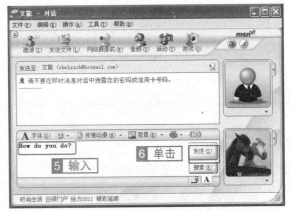

图 6-47 发送信息

◇**题 目 2**:通过"我的图释"列表框添加"大笑"表情符号。

◇**考查意图**:该题考核如何添加表情符号。

◇**操作方法**:

1 登录 MSN,打开"对话"窗口,单击 下拉列表框,打开"我的图释"列表框,如图 6-48 所示。

2 在"我的图释"列表框中单击 表情符号,如图 6-49 所示。

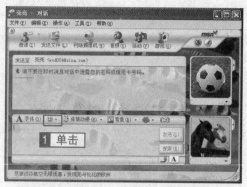

图 6-48　"对话"窗口

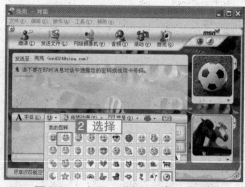

图 6-49　打开"我的图释"列表框

6.3.2　使用语音进行聊天及相关设置

考点级别：★★★

考试分析：

> 该考点考核概率较大，命题方式比较简单。

操作方式

方式	菜单	鼠标左键	右键菜单	快捷键	其他方式
类别	【操作】→【音频／视频对话】→【开始音频对话】				

真 题 解 析

◇题　　目：利用 MSN 和"亮亮"用户进行音频聊天。

◇考查意图：该题考核如何进行音频聊天。

◇操作方法：

1 登录 MSN，在联系人列表中选择"亮亮"用户，选择【操作】→【音频／视频对话】→【开始音频对话】菜单命令，打开"开始音频对话"对话框，单击　确定　按钮，如图 6-50 和图 6-51 所示。

图 6-50　菜单栏命令

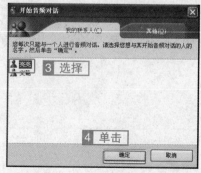

图 6-51　"开始音频对话"对话框

2 在打开的对话框中直接单击 下一步(N) > 按钮，在打开的对话框中提示用户调整计算机的扬声器和麦克风，保持默认设置，单击 下一步(N) > 按钮，如图 6-52 所示。

3 在打开的对话框中提示用户调整计算机扬声器音量，单击 下一步(N) > 按钮，如图 6-53 所示。

图 6-52　选择麦克风和扬声器

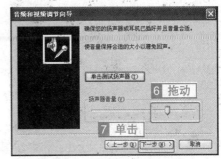

图 6-53　调整扬声器音量

4 在打开的对话框中提示用户调整计算机麦克风音量，单击 下一步(N) > 按钮，如图 6-54 所示。

5 在打开的对话框中提示用户调节成功，单击 完成 按钮，如图 6-55 所示。

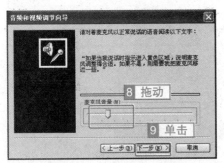

图 6-54　调整麦克风音量

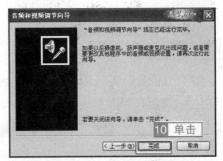

图 6-55　完成对话框

触类旁通

　　使用视频进行聊天及相关设置与使用语音进行聊天及相关设置的操作过程类似，这里就不再赘述。

6.3.3　利用 MSN 传送文件和邮件

考点级别： ★★

考试分析：

　　该考点属于熟悉的考点，考核概率较小。

操作方式

方式	菜单	鼠标左键	右键菜单	快捷键	其他方式
类别	【操作】→【发送其他内容】→【发送文件或照片】				

真 题 解 析

◇题　　目：在当前与"Lewis"对话框中，向"Lewis"发送"我的文档"中名为"春天里.mp3"的文件。

◇考查意图：该题考核如何传送文件。

◇操作方法：

1 登录 MSN，选择【操作】→【发送其他内容】→【发送文件或照片】菜单命令，打开"选择接收人"对话框，选择"Lewis"，单击 确定 按钮，如图 6-56 和图 6-57 所示。

图 6-56　菜单栏命令

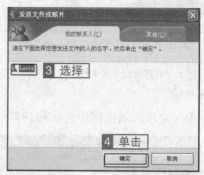

图 6-57　"选择接收人"对话框

2 在打开的选择需要传送文件的对话框中选择"我的文档"下的"春天里.mp3"，单击 打开① 按钮，如图 6-58 所示。

图 6-58　"打开文件"对话框

6.3.4　设置两用户与多用户会话

考点级别：★★★新
考试分析：

　该考点考核概率较大，命题方式比较简单。

操作方式

方式	菜单	鼠标左键	右键菜单	快捷键	其他方式
类别					工具栏

真 题 解 析

◇题　　目：从当前界面上开始操作，把联机用户"亮亮"邀请加入到对话框中，开始多用户会话。

◇考查意图：该题考核如何多用户会话。

◇操作方法：

1 在当前界面上，单击 按钮，打开"邀请某人到该对话"对话框，如图 6-59 所示。

2 在"我的联系人"选项卡中选择"亮亮"，单击 确定 按钮，如图 6-60 所示。

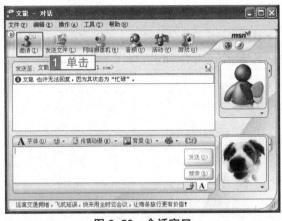

图 6-59　会话窗口

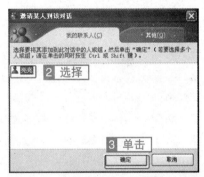

图 6-60　"邀请某人到该对话"对话框

本章考点及其对应操作方式一览表

考点	考频	操作方式
下载 MSN	★★	地址栏
安装 MSN	★★	运行安装文件
成为合法的 MSN 帐户	★★	【开始】→【所有程序】→【MSN Messenger7.0】
设置用户状态	★★★	【我的状态】→【外出就餐】
查找和添加联系人	★★★新	【联系人】→【添加联系人】
设置隐私选项	★	【工具】→【选项】
MSN 其余参数设置	★★	【工具】→【选项】
利用 MSN 进行信息传递	★★★	双击某用户
使用语音进行聊天及相关设置	★★★	【操作】→【音频 / 视频对话】→【开始音频对话】
利用 MSN 传送文件和邮件	★★	【操作】→【发送其他内容】→【发送文件或照片】
设置两用户与多用户会话	★★★新	工具栏

通　关　真　题

CD　注：以下测试题可以通过光盘【实战教程】→【通关真题】进行测试。

第 1 题　通过菜单栏设置当 MSN 连接到 Internet 时允许自动登录。

第 2 题　通过菜单栏设置当 MSN 收到传情动漫后自动播放。

第 3 题　在 MSN 即时通信工具中，从当前界面开始，通过菜单栏将收发消息时显示的图片设置为：我的文档 \oe.gif。

第 4 题　在即时通信工具 MSN 中，通过菜单栏中的高级搜索命令,登录密码为 456456 在 MSN 用户中查找符合以下条件的 MSN 用户姓氏为 fly，其余保持默认。

第 5 题　在当前状态下对发送给 lily 的消息中添加"薰衣草"为背景图（第一行第三种），并设置显示给对方的图片为"马"。

第 6 题　在 MSN 中，通过菜单栏，用鼠标操作，将当前用户的状态设置为"接听电话"。

第 7 题　在即时通信工具 MSN 中，通过菜单操作，将被阻止的用户 hero 添加到"我允许名单"中。

第 8 题　设置如果在十分钟内为非活动状态就显示离开。

第 9 题　设置不允许他人共享我的网络摄像机功能。

第 10 题　查看有哪些用户已将我添加到他们的联系人名单，并设置再有其他人把我添加到他们的联系人名单时就通知我。

第 11 题　在 MSN 中从当前界面开始，找到相应的设置界面，取消"Messenger 启动时打开 Messenger 主窗口"的设置。

第 12 题　在 MSN 中，从当前界面开始找到相应的设置界面，启用"当收到即时消息时显示通知"设置选项。

第 13 题　设置当联系人登录或者发送消息时发出声音，并设置声音方案为 Windows 默认的声音。

第 14 题　利用菜单方式，在即时通信工具 MSN 中，从当前界面开始，找到相应的设置界面，把代理服务器的类型修改为 SOCKS 56，端口修改为 1080。

第 15 题　设置允许 Microsoft 收集有关我如何使用 MSN Messenger 的匿名信息。

第 16 题　从当前界面开始，通过相应的操作，停止向对方发送我的网络摄像机画面。

第 17 题　在即时通信工具 MSN 中，在当前界面上通过鼠标操作（不通过菜单栏）向脱机用户 Wkk7777 发送一封电子邮件，主题为"long time no see",邮件主要内容为"Where are you ?"邮件内容格式遵循给出的模板格式，输入顺序为先输入主题，再输入内容。

第 18 题　在当前 MSN 中，停止音频对话。

第 19 题　在 MSN 中，通过联机的联系人执行操作，允许所有其他用户看到我的联机状态，能向我发送消息。

第 20 题 在即时通信工具 MSN 中，从当前界面开始，找到相应的界面，启用当检查 Hotmail 或打开其他启用 Microsoft Passport 的网页时总是向我询问密码（E）设置选项。

第 21 题 利用已有的邮箱 oe2011@yahoo.com，创建密码为 123456 的 Windows Live ID，机密问题为最喜欢的老师李静静，然后再打开的邮箱中确认电子邮件地址，然后登录到 Windows Live ID 网站。

第 22 题 在 MSN 中通过右键菜单操作，使"hero"用户离开通讯组。

第 23 题 在即时通讯工具 MSN 中，从当前界面开始，通过.net passport 向导注册一个邮箱地址为 OEjiaoyu2011@hotmail.com 的 MSN 帐户，登录密码为 123456，最喜欢的老师 wangli，其姓氏为 OE，名字为 jiaoyu，性别为男，省 / 自治区为辽宁，出生日期 2011-1-1，邮编 110180,时区选择"北京,中国",并且在 Passport 和 WindowsXP 用户帐号之间建立关联。

第 24 题 在即时通信工具 MSN 中，从当前界面开始，通过菜单栏用鼠标操作对自己的状态进行设置，当本机全屏显示时，自动将本机的状态显示为忙碌，并阻止警报。

第 25 题 向联机用户发送消息：Do you have a sister? 然后通过对话框中的按钮把字体颜色设置为绿色，并发送消息。

第 26 题 在即时通信工具 MSN 中，在当前界面上使用右侧按钮，将"我的显示图片"和对方的显示图片设置为足球。

第 27 题 通过 MSN 的高级搜索功能搜索搜索姓氏名字均为 Jhon，性别为男的，职业为 student 的联系人，登录密码为 456456。

第7章 Windows 安全设置

本章考点

掌握的内容★★★

　　Windows 防火墙设置

　　Internet 安全选项

熟悉的内容★★

　　自动更新的设置和使用

了解的内容★

　　设置密码策略

　　设置帐户锁定策略

7.1　Windows 防火墙

7.1.1　启用和关闭 Windows 防火墙

考点级别：★★★

考试分析：

　　该考点考核概率较大，考题简单，容易得分。

操作方式

方式	菜单	鼠标左键	右键菜单	快捷键	其他方式
类别	【开始】→【控制面板】→【安全中心】				

真 题 解 析

◇**题　　目：**通过控制面板启用 Windows 防火墙。

◇**考查意图：**该题考核如何启用 Windows 防火墙。

◇**操作方法：**

　　1 打开"控制面板"窗口，单击"安全中心"超链接，打开"Windows 安全中心"窗口，如图 7-1 所示。

　　2 单击"Windows 防火墙"超链接，打开"Windows 防火墙"对话框，选中"启用(推荐)"单选框。单击 确定 按钮，如图 7-2 所示。

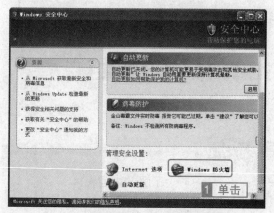

图 7-1　"Windows 安全中心" 窗口

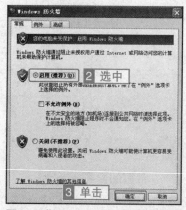

图 7-2 "Windows 防火墙" 对话框

7.1.2　设置 Windows 防火墙

考点级别： ★ ★ ★

考试分析：

该考点考核概率较大，考题都是围绕"例外"和"高级"这两个选项卡出。

操作方式

方式	菜单	鼠标左键	右键菜单	快捷键	其他方式
类别	【开始】→【控制面板】→【安全中心】				

真 题 解 析

◇**题 目 1：** 将远程桌面程序设置为例外。

◇**考查意图：** 该题考核如何设置例外。

◇**操作方法：**

　❶打开"控制面板"窗口，单击"安全中心"超链接，打开"Windows 安全中心"窗口，如图 7-3 所示。

　❷单击"Windows 防火墙"超链接，打开"Windows 防火墙"对话框，单击"例外"选项卡，在"程序和服务"栏中选中"远程桌面"复选框，单击 ▭确定▭ 按钮，如图 7-4 所示。

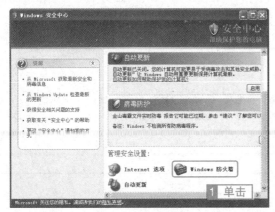

图 7-3　"Windows 安全中心"窗口

图 7-4　"例外"选项卡

◇**题 目 2**：在当前的"控制面板"窗口中，设置 Windows 防火墙的日志记录被丢弃的数据包。

◇**考查意图**：该题考核如何设置安全设置。

◇**操作方法**：

1 打开"控制面板"窗口，单击"安全中心"超链接，打开"Windows 安全中心"窗口，如图 7-5 所示。

2 单击"Windows 防火墙"超链接，打开"Windows 防火墙"对话框，单击"安全"选项卡，在"安全日志记录"栏中单击 设置(S)… 按钮，打开"日志设置"对话框，如图 7-6 所示。

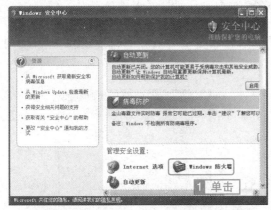

图 7-5　"Windows 安全中心"窗口

图 7-6　"高级"选项卡

3 选中"记录被丢弃的数据包"复选框，单击 确定 按钮，如图 7-7 所示。

图 7-7　"日志设置"对话框

7.1.3　设置 Internet 安全选项

考点级别：★★★

考试分析：

　　该考点考核概较大，在旧考纲中属于 IE 浏览器章中的内容。

操作方式

方式	菜单	鼠标左键	右键菜单	快捷键	其他方式
类别	【工具】→【Internet 选项】				

真 题 解 析

◇题　　目：请将 Internet 区域的隐私设置为"中"，并且总是允许会话 cookie。

◇考查意图：该题考核隐私设置。

◇操作方法：

　　1 启动 IE 浏览器，选择【工具】→【Internet 选项】菜单命令，打开"Internet 选项"对话框。

　　2 单击"隐私"选项卡，在"设置"栏中拖动滑块到"中"的位置，单击 高级(V)... 按钮，如图 7-8 所示。

　　3 打开"高级隐私策略设置"对话框，选中"覆盖自动 cookie 处理"复选框，再选中"总是允许会话 cookie"复选框，单击 确定 按钮，如图 7-9 所示。

图 7-8　"隐私"选项卡

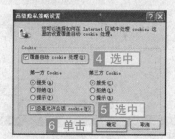

图 7-9　"高级隐私策略设置"对话框

7.2　Windows 自动更新

7.2.1　设置 Windows 自动更新

考点级别： ★★

考试分析：

> 该考点考核概率较大，操作简单。

操作方式

方式	菜单	鼠标左键	右键菜单	快捷键	其他方式
类别	【开始】→【控制面板】→【安全中心】				

真 题 解 析

◇**题　　目：** 在当前"安全中心"窗口中，开启 Windows 自动更新，在"有可用下载时通知我，但是不要自动下载或安装更新"。

◇**考查意图：** 该题考核如何设置 Windows 自动更新。

◇**操作方法：**

1 打开"控制面板"窗口，单击"安全中心"超链接，打开"Windows 安全中心"窗口，如图 7-10 所示。

2 单击"自动更新"超链接，打开"自动更新"对话框，选中"有可用下载时通知我，但是不要自动下载或安装更新"单选框，单击　确定　按钮，如图 7-11 所示。

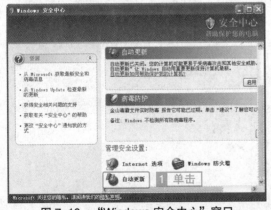

图 7-10　"Windows 安全中心"窗口

图 7-11　"自动更新"对话框

7.3   密码策略和帐户锁定策略

7.3.1   设置密码策略和帐户锁定策略

考点级别： ★

考试分析：

　　该考点考核概率较小，考题简单，容易操作。

操作方式

方式	菜单	鼠标左键	右键菜单	快捷键	其他方式
类别	【开始】→【控制面板】→【性能和维护】→【管理工具】→【本地安全策略】				

真 题 解 析

◇**题 目 1：** 在当前"管理工具"窗口中，设置 Windows 密码策略，将密码最长存留期设置为 30 天。

◇**考查意图：** 该题考核如何设置 Windows 密码策略。

◇**操作方法：**

　　1 在"管理工具"窗口中，双击"本地安全策略"图标，打开"本地安全设置"窗口，如图 7-12 所示。

　　2 单击"帐户策略"前的⊞按钮，选择"密码策略"，在右侧窗格中选择"密码最长存留期"，选择【操作】→【属性】菜单命令，打开"密码最长存留期属性"对话框，如图 7-13 所示。

图 7-12   "管理工具"窗口

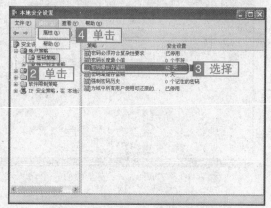

图 7-13   "本地安全设置"窗口

3 在"密码过期时间"数值框中输入"30"，单击 确定 按钮，如图 7-14 所示。

◇**题 目 2**：在当前"管理工具"窗口中，设置帐户锁定策略，将帐户锁定阈值设置为 3。

◇**考查意图**：该题考核如何设置帐户锁定阈值。

◇**操作方法**：

1 在"管理工具"窗口中，双击"本地安全策略"图标，打开"本地安全设置"窗口，如图 7-15 所示。

2 单击"帐户策略"前的按钮，选择"帐户锁定策略"，在右侧窗格中选择"帐户锁定阈值"，选择【操作】→【属性】菜单命令，打开"帐户锁定阈值 属性"对话框，如图 7-16 所示。

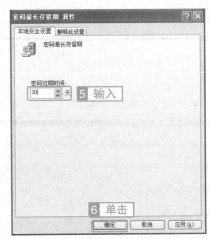

图 7-14　"密码最长存留期 属性"对话框

图 7-15　"管理工具"窗口

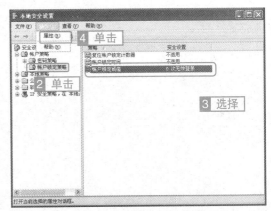

图 7-16　"本地安全设置"窗口

3 在"帐户锁定阈值"数值框中输入"3"，单击 确定 按钮，如图 7-17 所示。

图 7-17　"帐户锁定阈值 属性"对话框

本章考点及其对应操作方式一览表

考点	考频	操作方式
启用和关闭 Windows 防火墙	★★★	【开始】→【控制面板】→【安全中心】
设置 Windows 防火墙	★★★	【开始】→【控制面板】→【安全中心】
设置 Internet 安全选项	★★★	【工具】→【Internet 选项】
设置 Windows 自动更新	★★	【开始】→【控制面板】→【安全中心】
设置密码策略和帐户锁定策略	★	【开始】→【控制面板】→【性能和维护】→【管理工具】→【本地安全策略】

通 关 真 题

CD 　注：以下测试题可以通过光盘【实战教程】→【通关真题】进行测试。

第 1 题　删除 IE 浏览器记录中的所有 cookies。

第 2 题　在当前安全中心窗口中开启 Windows 自动更新，设置为每天 9:00 自动下载并自动安装更新。

第 3 题　请将 IE 浏览器访问受信任的站点的安全级别设置为最低。

第 4 题　启用操作系统自带的 Internet 连接防火墙。

第 5 题　请设置 Windows 帐户锁定策略，将账户锁定时间设置为 60 分钟。

第 6 题　在当前"安全中心"窗口中，将 Windows 防火墙的日志记录大小限制设置为 2048KB，并设置记录成功的连接。

第8章　杀毒软件的使用

本章考点

掌握的内容★★★
　　手动杀毒
　　右键杀毒
　　在线杀毒
　　定时杀毒
　　文件实时防毒
　　高级防御
　　邮件监控
　　网页防挂马
　　杀毒软件升级　·
　　设置主动漏洞修补
　　为系统打分，得出系统的健康指数
　　扫描并修补系统软件的安全漏洞
　　使用安全百宝箱内的文件粉碎器
　　垃圾文件清理

　　历史痕迹清理
熟悉的内容★★
　　创建应急U盘
　　应用病毒隔离系统
　　反垃圾邮件的相关设置
　　恶意软件查杀方法
　　U盘病毒免疫工具的使用
了解的内容★
　　设置屏保杀毒
　　设置嵌入式防毒
　　设置隐私保护
　　设置病毒精灵
　　日志查看器
　　在线系统诊断的操作

8.1　查杀病毒

8.1.1　手动杀毒及设置

考点级别： ★★★
考试分析：

> 该考点考核概率较大，命题简单，容易通过。

操作方式：

方式	菜单	鼠标左键	右键菜单	快捷键	其他方式
类别	【工具】→【综合设置】				

真 题 解 析

◇**题 目 1**：在金山毒霸 2008 中，通过手动设置只查杀 C 盘。

◇**考查意图**：该题考核手动杀毒设置。

◇**操作方法**：

1 选择【开始】→【所有程序】→【金山毒霸 2008 杀毒套装】→【金山毒霸】菜单命令，打开"金山毒霸 2008"主窗口，如图 8-1 所示。

2 在打开的窗口中单击"指定路径"超链接，切换到指定查杀范围界面，如图 8-2 所示。

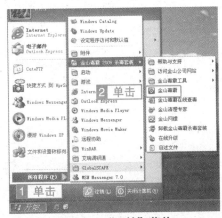

图 8-1   "开始"菜单

图 8-2   "金山毒霸 2008"主窗口

3 选中"本地磁盘 C:"复选框，单击 按钮进行查杀，如图 8-3 和图 8-4 所示。

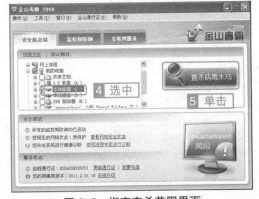

图 8-3   指定查杀范围界面

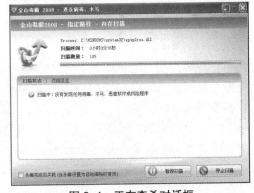

图 8-4   正在查杀对话框

◇**题 目 2**：在金山毒霸 2008 中进行适当设置，使得手动杀毒发现病毒时自动清除病毒。

◇**考查意图**：该题考核如何设置手动杀毒。

◇**操作方法**：

1 启动"金山毒霸 2008"，选择【工具】→【综合设置】菜单命令，打开"金山毒霸 – 综合设置"对话框，如图 8-5 所示。

2 在"发现病毒处理方式"栏中选中"自动清除(U)(推荐)"单选框，单击 确定 按钮，如图 8-6 所示。

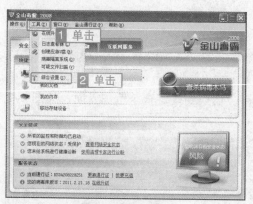

图 8-5　菜单栏命令

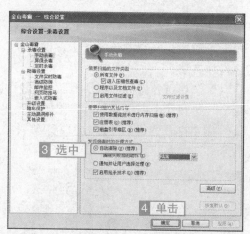

图 8-6　"金山毒霸-综合设置"对话框

8.1.2　右键杀毒

考点级别：★★★
考试分析：

　　该考点考核概率较大，命题方式简单且唯一。

操作方式

方式	菜单	鼠标左键	右键菜单	快捷键	其他方式
类别			【使用金山毒霸进行扫描】		

真 题 解 析

◇**题　　　目：**用"右键杀毒"方式查杀 D 盘"程序"文件夹。
◇**考查意图：**该题考核如何利用右键方式杀毒。
◇**操作方法：**

　　打开 D 盘，在"程序"文件夹上单击鼠标右键，在打开的快捷菜单中选择【使用金山毒霸进行扫描】菜单命令，如图 8-7 和图 8-8 所示。

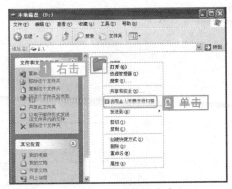

图 8-7　右键菜单命令

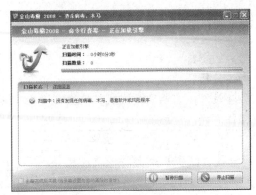

图 8-8　杀毒进行中

8.1.3　屏保查杀

考点级别： ★

考试分析：

　　该考点考核概率较小，操作比较简单。

操作方式

方式	菜单	鼠标左键	右键菜单	快捷键	其他方式
类别	【工具】→【综合设置】→【屏保查杀】				

真 题 解 析

◇题　　目：在金山毒霸 2008 中对屏保杀
毒进行设置，要求发现病毒时自动清除。

◇考查意图：该题考核如何设置屏保查杀。

◇操作方法：

　　1 启动"金山毒霸 2008"，选择【工
具】→【综合设置】菜单命令，打开"金
山毒霸 – 综合设置"对话框。

　　2 选择"屏保查杀"节点，在"自我
保护"栏中选中"将毒霸专用屏保作为系
统当前屏保"复选框。在"发现病毒时的
处理方式"栏中，选中"自动清除(U)(推
荐)"单选框。单击 确定 按钮，如图
8-9 所示。

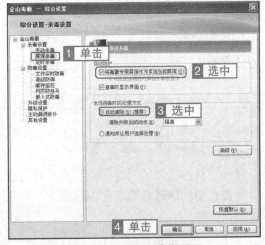

图 8-9　"屏保杀毒"界面

8.1.4　定时查毒

考点级别：★★★

考试分析：

> 该考点考核概率较大，命题简单，容易通过。

操作方式

方式	菜单	鼠标左键	右键菜单	快捷键	其他方式
类别	【工具】→【综合设置】→【定时杀毒】				

真 题 解 析

◇**题　　目**：设置金山毒霸每周定时杀毒。

◇**考查意图**：该题考核如何定时杀毒。

◇**操作方法**：

　1启动"金山毒霸 2008"，选择【工具】→【综合设置】菜单命令，打开"金山毒霸 – 综合设置"对话框。

　2选择"定时杀毒"节点，在"加载设置"栏中选中"启动定时杀毒"复选框，在"方案设置"栏中选中"每周"单选框。单击 确定 按钮，如图 8-10 所示。

图 8-10　"定时杀毒"界面

8.1.5　在线查毒

考点级别：★★★

考试分析：

> 该考点虽然为熟悉考点，但考核概率较小。

操作方式

类别	菜单	鼠标左键	右键菜单	快捷键	其他方式
方式	【操作】→【金山毒霸在线杀毒】				

真 题 解 析

◇**题　　目**：通过"快速查杀"方式进行在线杀毒。

◇**考查意图**：该题考核如何在线杀毒。

◇**操作方法**：

　1启动"金山毒霸 2008"，选择【操作】→【金山毒霸在线杀毒】菜单命令，通过 IE 浏览器打开"在线杀毒"页面，如图 8-11 所示。

2 单击━━按钮，进行快速查杀，如图 8-12 所示。

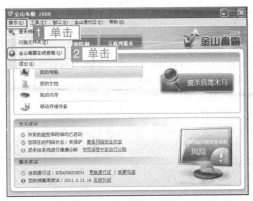

图 8-11　菜单栏命令

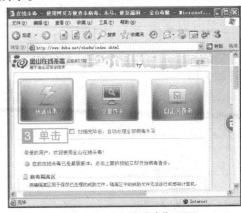

图 8-12　"在线杀毒"页面

8.2　预防病毒

8.2.1　文件实时防毒

考点级别：★★★

考试分析：

该考点考核概率较大，命题方式简单。

操作方式

方式		菜单	鼠标左键	右键菜单	快捷键	其他方式
类别		【工具】→【综合设置】→【文件实时防毒】				

真 题 解 析

◇**题　　目：**设置金山毒霸 2008 的文件实时防毒功能，要求在发现病毒时启用抢杀技术。

◇**考查意图：**该题考核文件实时防毒设置。

◇**操作方法：**

1 启动"金山毒霸 2008"，选择【工具】→【综合设置】菜单命令，打开"金山毒霸 – 综合设置"对话框。

2 选择"文件实时防毒"节点，在"发现病毒时的处理方式"栏中，选择"启用抢杀技术 (O)（推荐）"复选框，单击

图 8-13　"文件实时防毒"对话框

确定 按钮，如图 8-13 所示。

8.2.2 设置高级防御

考点级别：★ ★ ★
考试分析：

　　该考点考核概率较大，命题方式简单。

操作方式

方式	菜单	鼠标左键	右键菜单	快捷键	其他方式
类别	【工具】→【综合设置】→【高级防御】				

真 题 解 析

◇题　　目：设置开机自动运行自我防护。
◇考查意图：该题考核如何自动运行自我防护。
◇操作方法：

　　1 启动"金山毒霸 2008"，选择【工具】→【综合设置】菜单命令，打开"金山毒霸 – 综合设置"对话框。

　　2 选择"高级防御"节点，在"自我防护"栏中选中"开机自动运行自我防护(P)(推荐)"复选框，单击 确定 按钮，如图 8-14 所示。

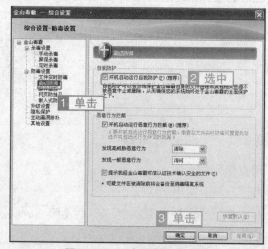

图 8-14 "高级防御"界面

8.2.3 设置邮件监控

考点级别：★ ★ ★
考试分析：

　　该考点考核概率较大，操作简单。

操作方式

方式	菜单	鼠标左键	右键菜单	快捷键	其他方式
类别	【工具】→【综合设置】→【邮件监控】				

真 题 解 析

◇题　　目：设置金山毒霸 2008，使得邮件监控在发现病毒时，仅标识为病毒邮件不自动清除。
◇考查意图：该题考核如何设置邮件监控。

◇操作方法：

1 启动"金山毒霸 2008"，选择【工具】→【综合设置】菜单命令，打开"金山毒霸 – 综合设置"对话框。

2 选择"邮件监控"节点，在"发现病毒时的处理方式"栏中选中"仅标识为病毒邮件"单选框，单击 确定 按钮，如图 8–15 所示。

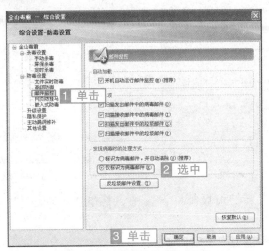

图 8–15　"邮件监控"界面

8.2.4　反垃圾邮件的相关设置

考点级别： ★★

考试分析：

　　该考点考核概率较大，操作也比较复杂。

操作方式

方式	菜单	鼠标左键	右键菜单	快捷键	其他方式
类别	【工具】→【综合设置】→【邮件监控】				

真 题 解 析

◇**题目 1**：在金山毒霸中定义反垃圾邮件级别为最高，并在 Outlook Express 工具栏中显示反垃圾邮件工具条。

◇**考查意图**：该题考核反垃圾邮件设置。

◇**操作方法**：

1 启动"金山毒霸 2008"，选择【工具】→【综合设置】菜单命令，打开"金山毒霸 – 综合设置"对话框。

2 选择"邮件监控"节点，单击 反垃圾邮件设置 按钮，打开"金山毒霸反垃圾邮件设置"对话框，如图 8–16 所示。

3 在"常规"选项卡中，选中"在 Microsoft Outlook Express(OE)工具栏上显示金山反

垃圾邮件工具条（需重启计算机）"复选框。拖动级别设置滑块到"最高级别"。单击 确定 按钮，如图 8-17 所示。

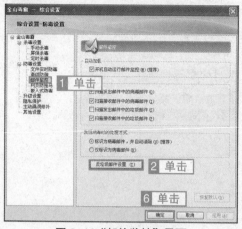

图 8-16 "邮件监控"界面

图 8-17 "金山毒霸反垃圾邮件设置"对话框

◇**题 目 2**：在金山毒霸的垃圾邮件设置中，将禁止的地址"123@abc，com"更改为"abc@abc.com"。

◇**考查意图**：该题考核如何编辑禁止地址。

◇**操作方法**：

1 启动"金山毒霸 2008"，选择【工具】→【综合设置】菜单命令，打开"金山毒霸 - 综合设置"对话框。

2 选择"邮件监控"节点，单击 反垃圾邮件设置（T） 按钮，打开"金山毒霸反垃圾邮件设置"对话框。

3 选择"禁止的地址"选项卡，在列表中选中"123@abc.com"邮件地址，单击 编辑... 按钮，在弹出的"编辑'禁止的地址'"对话框中的文本框中输入"abc@abc.com"。连续单击 确定 按钮，如图 8-18 和图 8-19 所示。

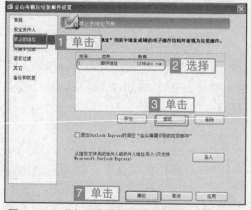

图 8-18 "金山毒霸反垃圾邮件设置"对话框

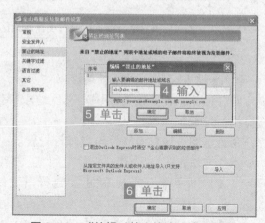

图 8-19 "编辑'禁止的地址'"对话框

8.2.5 设置网页防挂马

考点级别: ★ ★ ★

考试分析:

　该考点考核概率较大,命题简单,容易通过。

操作方式

方式	菜单	鼠标左键	右键菜单	快捷键	其他方式
类别	【工具】→【综合设置】→【网页防挂马】				

■■ 真 题 解 析

◇**题　　目:** 关闭并卸载金山毒霸 2008 网页防挂马。

◇**考查意图:** 该题考核网页方挂马设置。

◇**操作方法:**

1 启动"金山毒霸 2008",选择【工具】→【综合设置】菜单命令,打开"金山毒霸 – 综合设置"对话框。

2 选择"网页防挂马"节点,单击 网页防挂马设置(T) 按钮,打开"网页安全防护"界面,如图 8-20 所示。

3 单击 关闭并卸载 按钮,单击金山清理专家右上角的 ✕ 按钮,如图 8-21 所示。

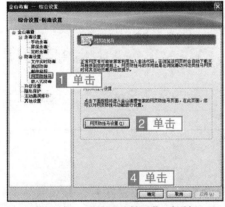

图 8-20 "网页防挂马"对话框

图 8-21 "网页安全防护"界面

8.2.6 设置嵌入式防毒

考点级别: ★

考试分析:

　该考点考核概率较小,操作比较简单。

操作方式

方式	菜单	鼠标左键	右键菜单	快捷键	其他方式
类别	【工具】→【综合设置】→【嵌入式防毒】				

真 题 解 析

◇题　　目：关闭金山毒霸 2008 的 ICQ 聊天防毒，开启 QQ 的聊天防毒，扫描下载运行的 ActiveX 控件。

◇考查意图：该题考核嵌入式防毒设置。

◇操作方法：

1 启动"金山毒霸 2008"，选择【工具】→【综合设置】菜单命令，打开"金山毒霸 – 综合设置"对话框。

2 选择"嵌入式防毒"节点，在"Microsoft Office 嵌入防毒"栏中选中"扫描下载运行的 ActiveX 控件"复选框，在"聊天工具嵌入防毒"栏中选中"开启 QQ 聊天防毒"复选框，取消选中"开启 ICQ 聊天防毒"复选框。单击 确定 按钮，如图 8–22 所示。

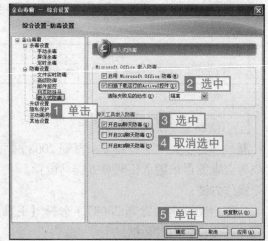

图 8–22　"嵌入式防毒"界面

8.2.7　设置隐私保护

考点级别：★

考试分析：

该考点考核概率较小，操作比较简单。

操作方式

方式	菜单	鼠标左键	右键菜单	快捷键	其他方式
类别	【工具】→【综合设置】→【隐私保护】				

真 题 解 析

◇题　　目：在金山毒霸中开启隐私保护功能，将安全数据改为私密账号，并设置银行帐号为"6089757"。

◇考查意图：该题考核如何开启隐私保护。

◇操作方法：

1 启动"金山毒霸 2008"，选择【工具】→【综合设置】菜单命令，打开"金山毒霸 – 综合设置"对话框。

2 选择"隐私保护"节点，选中"开启隐私保护功能"复选框，单击 添加(N)... 按钮，打开"添加隐私数据"对话框，如图 8–23 所示。

3 在"类别"下拉列表框中选择"银行帐号"，在"数据内容"文本框中输入"6089757"，连续单击 确定 按钮，如图 8–24 所示。

图 8-23　"隐私保护"界面　　　　　图 8-24　"添加隐私数据"对话框

8.2.8　主动漏洞修补

考点级别：★★★

考试分析：

　该考点考核概率较大，操作简单。

操作方式

方式	菜单	鼠标左键	右键菜单	快捷键	其他方式
类别	【工具】→【综合设置】→【主动漏洞修补】				

真 题 解 析

◇**题　　目：**关闭金山毒霸 2008 主动漏洞修补。

◇**考查意图：**该题考核设置主动漏洞修补。

◇**操作方法：**

　1 启动"金山毒霸 2008"，选择【工具】→【综合设置】菜单命令，打开"金山毒霸 – 综合设置"对话框。

　2 选择"主动漏洞修补"节点，选中"关闭主动漏洞修补"单选框。单击 **确定** 按钮，如图 8-25 所示。

图 8-25　"主动漏洞修补"界面

8.2.9　设置病毒精灵

考点级别： ★

考试分析：

> 该考点考核概率较小，操作比较简单。

操作方式

方式	菜单	鼠标左键	右键菜单	快捷键	其他方式
类别	【工具】→【综合设置】→【其他设置】				

真 题 解 析

◇**题　　目：** 启动金山毒霸 2008 时同时启动病毒精灵。

◇**考查意图：** 该题考核如何设置启动病毒精灵。

◇**操作方法：**

1 启动"金山毒霸 2008"，选择【工具】→【综合设置】菜单命令，打开"金山毒霸 – 综合设置"对话框。

2 选择"其他设置"节点，在"病毒精灵"栏选中"启动主程序时同时启动'病毒精灵'"复选框，单击 确定 按钮，如图 8–26 所示。

图 8–26　"其他设置"界面

8.3　使用杀毒软件工具

8.3.1　日志查看器

考点级别： ★

考试分析：

> 该考点考核概率较小，操作步骤比较多。

操作方式

方式	菜单	鼠标左键	右键菜单	快捷键	其他方式
类别	【工具】→【日志查看器】				

真 题 解 析

◇**题　　目**：将金山毒霸日志查看器最大日志文件大小设置为 36MB。

◇**考查意图**：该题考核如何设置日志查看器。

◇**操作方法**：

1 启动"金山毒霸 2008"，选择【工具】→【日志查看器】菜单命令，打开"金山毒霸日志查看器"窗口，如图 8-27 所示。

2 选择【文件】→【设置】菜单命令，打开"设置"对话框，如图 8-28 所示。

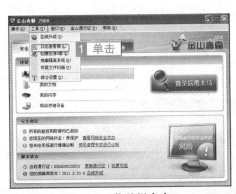

图 8-27　菜单栏命令 1

图 8-28　菜单栏命令 2

3 在"最大日志文件大小"数值框中输入"36"，单击 确定 按钮，如图 8-29 所示。

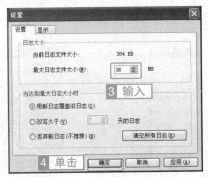

图 8-29　"设置"对话框

8.3.2　创建应急 U 盘

考点级别：★★

考试分析：

　　该考点考核概率较大，操作也比较复杂。

操作方式

方式	菜单	鼠标左键	右键菜单	快捷键	其他方式
类别	【工具】→【创建应急U盘】				

真 题 解 析

◇**题　　目**：在金山毒霸2008中创建应急U盘，应急U盘的盘符为"G"，并设置不格式化直接制作应急U盘。

◇**考查意图**：该题考核如何创建应急U盘。

◇**操作方法**：

1 启动"金山毒霸2008"，选择【工具】→【创建应急U盘】菜单命令，打开"欢迎使用金山毒霸应急U盘创建程序"对话框，单击 下一步(N) > 按钮，如图8-30和图8-31所示。

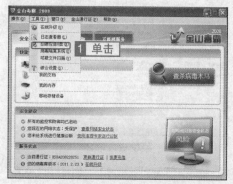

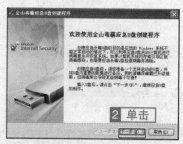

图8-30　菜单栏命令　　　　　图8-31　"欢迎使用金山毒霸应急U盘创建程序"对话框

2 选中"我已经仔细阅读了这份声明"复选框，单击 下一步(N) > 按钮，如图8-32所示。

3 选中"不格式化直接制作应急U盘"复选框，单击 下一步(N) > 按钮，如图8-33所示。

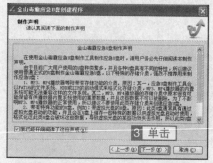

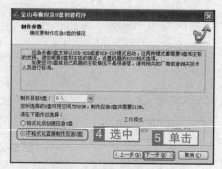

图8-32　"制作声明"对话框　　　　　图8-33　"制作参数"对话框

4 单击 完成 按钮，如图8-34所示。

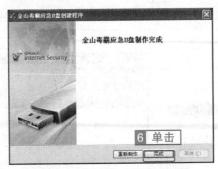

图 8-34　"制作完成"对话框

8.3.3　病毒隔离系统

考点级别：★★

考试分析：

> 该考点考核概率较大，操作也比较复杂。

操作方式

方式	菜单	鼠标左键	右键菜单	快捷键	其他方式
类别	【工具】→【病毒隔离系统】				

真 题 解 析

◇**题　　　目：** 在金山毒霸 2008 中，启用病毒隔离系统，并将本地磁盘 C 盘根目录下的 WINWORD.exe 文件添加到病毒隔离系统。

◇**考查意图：** 该题考核如何使用金山毒霸病毒隔离系统。

◇**操作方法：**

1 启动"金山毒霸 2008"，选择【工具】→【病毒隔离系统】菜单命令，打开"金山毒霸病毒隔离系统"窗口，如图 8-35 所示。

2 单击工具栏上的 添加文件 按钮，打开"添加文件到隔离区"对话框，如图 8-36 所示。

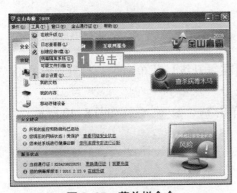

图 8-35　菜单栏命令

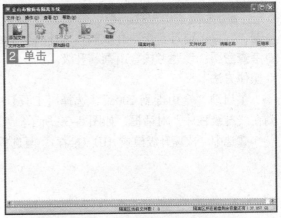

图 8-36　"金山毒霸病毒隔离系统"窗口

3 选择 C 盘根目录下的 WINWORD.exe 文件，单击 添加 按钮，如图 8-37 和图 8-38 所示。

图 8-37 "添加文件到隔离区"对话框

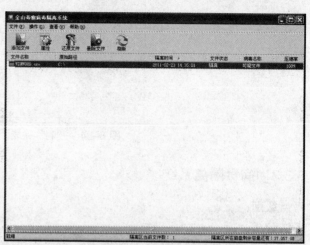

图 8-38 已添加到隔离系统

8.4 杀毒软件升级

8.4.1 快速升级

考点级别： ★ ★ ★

考试分析：

> 该考点考核概率较小，操作比较简单。

操作方式

方式	菜单	鼠标左键	右键菜单	快捷键	其他方式
类别	【工具】→【在线升级】				

真 题 解 析

◇**题　　目：** 通过"快速升级模式"升级金山毒霸。

◇**考查意图：** 该题考核金山毒霸升级。

◇**操作方法：**

1 启动"金山毒霸 2008"，选择【工具】→【在线升级】菜单命令，打开"金山毒霸在线升级程序"对话框，如图 8-39 所示。

2 选中"快速升级模式（U）（推荐）"复选框，单击 下一步(N) > 按钮，如图 8-40 所示。

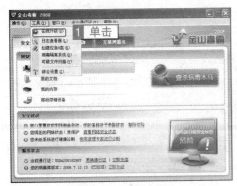

图 8-39　菜单栏命令

图 8-40　"金山毒霸在线升级程序"对话框

3 打开"分析升级信息文件"对话框，升级程序会自动下载并安装文件，如图 8-41 和图 8-42 所示。

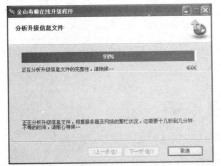

图 8-41　"分析升级信息文件"对话框

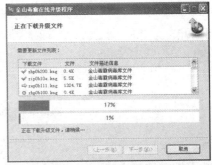

图 8-42　"正在下载升级文件"对话框

4 单击 完成 按钮，如图 8-43 所示。

图 8-43　升级完成

8.4.2　升级设置

考点级别： ★★★

考试分析：

　　该考点考核概率较小，操作比较简单。

操作方式

方式	菜单	鼠标左键	右键菜单	快捷键	其他方式
类别	【工具】→【综合设置】→【升级设置】				

真 题 解 析

◇题　　目：在金山毒霸中进行设置，使其能自动实时升级并在升级完成后进行通知。

◇考查意图：该题考核升级设置。

◇操作方法：

1 启动"金山毒霸 2008"，选择【工具】→【综合设置】菜单命令，打开"金山毒霸 - 综合设置"对话框。

2 选择"升级设置"节点，在"自动升级"栏中选中"自动升级完成后通知我"复选框。单击 确定 按钮，如图 8-44 所示。

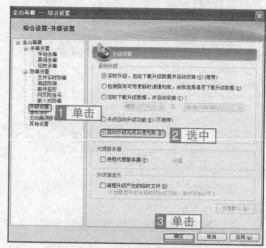

图 8-44　"升级设置"对话框

8.5　金山清理专家

8.5.1　健康指数打分

考点级别： ★★★

考试分析：

操作方式

方式	菜单	鼠标左键	右键菜单	快捷键	其他方式
类别	【开始】→【所有程序】→【金山毒霸 2008 杀毒套装】→【金山清理专家】				

真 题 解 析

◇题　　目：通过金山清理专家为系统健康指数打分。

◇考查意图：该考点考核概率较大，操作简单。

◇操作方法：

1 选择【开始】→【所有程序】→【金山毒霸 2008 杀毒套装】→【金山清理专家】菜单命令，打开"金山清理专家"主窗口，如图 8-45 所示。

2 单击 按钮，将为系统打分，如图 8-46 和图 8-47 所示。

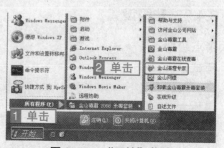

图 8-45　"开始"菜单

图 8-46　"金山清理专家"主窗口　　　　　图 8-47　为系统健康指数打分

8.5.2　查杀恶意软件

考点级别：★★

考试分析：

　　该考点考核概率较大，操作简单。

操作方式

方式	菜单	鼠标左键	右键菜单	快捷键	其他方式
类别		【恶意软件查杀】			

真 题 解 析

◇**题　　目：**请利用金山清理专家查杀恶意软件。

◇**考查意图：**该题考核恶意软件查杀。

◇**操作方法：**

　　启动"金山清理专家"，单击  按钮，在窗口右侧就开始进行查杀，如图 8-48 和图 8-49 所示。

图 8-48　"金山清理专家"默认窗口　　　　图 8-49　恶意软件查杀进行中

8.5.3 漏洞修补

考点级别: ★★★

考试分析:

该考点考核概率较大,命题简单,容易通过。

操作方式

方式	菜单	鼠标左键	右键菜单	快捷键	其他方式
类别		【漏洞修补】			

真题解析

◇**题　　目:** 通过金山清理专家的漏洞修补功能,修补名为"MS04-028"的系统漏洞。

◇**考查意图:** 该题考核系统漏洞修补。

◇**操作方法:**

1 启动"金山清理专家",单击 漏洞修补 按钮,在窗口右侧打开"系统漏洞"界面,如图 8-50 所示。

2 选中名为"MS04-028"的系统漏洞的复选框,单击 修补选中的漏洞 按钮,如图 8-51 所示。

图 8-50　"金山清理专家"主界面

图 8-51　"系统漏洞"界面

8.5.4 在线系统诊断

考点级别: ★

考试分析:

该考点考核概率较小,操作比较简单。

操作方式

方式	菜单	鼠标左键	右键菜单	快捷键	其他方式
类别		【在线系统诊断】			

真 题 解 析

◇题　　目：使用金山清理专家的在线系统诊断功能，将常规启动项"360Safetray"禁用。

◇考查意图：该题考核禁用启动项。

◇操作方法：

1 启动"金山清理专家"，单击 在线系统诊断 按钮，在窗口右侧打开"启动项管理"界面，如图 8-52 所示。

2 在"常规启动项"中选中"360Safetray"复选框，单击 禁用选中项 按钮，如图 8-53 所示。

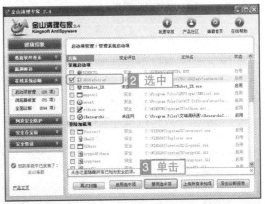

<table>
<tr><td>图 8-52　　"金山清理专家"主界面</td><td>图 8-53　　"启动项管理"界面</td></tr>
</table>

8.5.5　文件粉碎器

考点级别：★★★

考试分析：

> 该考点考核概率较大，操作也比较复杂。

操作方式

方式	菜单	鼠标左键	右键菜单	快捷键	其他方式
类别		【安全百宝箱】→【文件粉碎器】			

真 题 解 析

◇题　　目：先打开桌面上的"新建 Microsoft Word 文档.doc"文件并浏览其中的内容，然后关闭这个文件，使用金山清理专家中的文件粉碎器将"新建 Microsoft Word 文档.doc"进行粉碎。

◇考查意图：该题考核文件粉碎器的使用。

◇操作方法：

1 在桌面上双击"新建 Microsoft Word 文档.doc"图标，打开 Word 文档查看，再关闭该文档，如图 8-54 和图 8-55 所示。

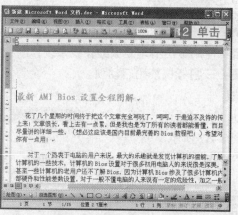

图 8-54　桌面　　　　　　　　　　　图 8-55　查看 Word 文档

2 启动"金山清理专家"，单击 安全百宝箱 按钮，在窗口右侧打开"工具集"界面，如图 8-56 所示。

3 单击"文件粉碎器"按钮，打开文件粉碎器，如图 8-57 所示。

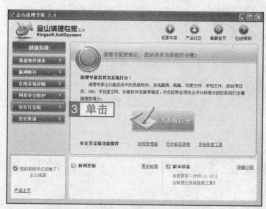

图 8-56　"金山清理专家"主界面　　　　　图 8-57　"工具集"界面

4 单击 添加文件(F) 按钮，打开"打开"对话框，单击 桌面 按钮，选择"新建 Microsoft Word 文档.doc"文件，单击 打开(O) 按钮，如图 8-58 和图 8-59 所示。

图 8-58　文件粉碎器　　　　　　　　　图 8-59　"打开"对话框

5 单击 彻底删除(D) 按钮，两次弹出确认框，分别单击 是(Y) 按钮，如图 8-60 和图 8-61 所示。

图 8-60　文件粉碎器

图 8-61　粉碎文件

8.5.6　U 盘病毒免疫工具

考点级别：★★

考试分析：

> 该考点考核概率较大，操作也比较复杂。

操作方式

方式	菜单	鼠标左键	右键菜单	快捷键	其他方式
类别		【安全百宝箱】→【U 盘病毒免疫工具】			

真 题 解 析

◇**题　　目：**请使用金山清理专家的"U 盘病毒免疫工具"，禁用 F 盘的自动播放功能。

◇**考查意图：**该题考核如何禁用自动播放功能。

◇**操作方法：**

1 启动"金山清理专家"，单击 安全百宝箱 按钮，在窗口右侧打开"工具集"界面，如图 8-62 所示。

2 单击"U 盘病毒免疫工具"按钮，打开"U 盘病毒免疫工具"对话框，如图 8-63 所示。

图 8-62　"工具集"界面

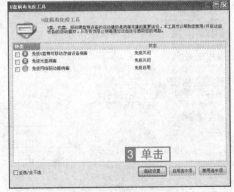

图 8-63　"U 盘病毒免疫工具"对话框

3 单击 高级设置 按钮，打开"高级设置"对话框，如图 8-64 所示。

4 选中 F 盘复选框，单击 禁用 按钮，F 盘的状态变为"禁用自动播放"，单击 退出 按钮，如图 8-65 所示。

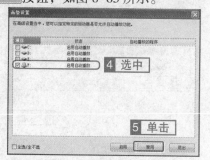

图 8-64 "高级设置"对话框

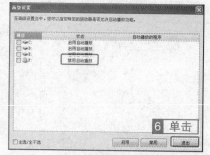

图 8-65 F 盘的状态变为"禁用自动播放"

8.5.7 历史痕迹清理

考点级别： ★★★

考试分析：

> 该考点考核概率较大，操作简单。

操作方式

方式	菜单	鼠标左键	右键菜单	快捷键	其他方式
类别		【安全百宝箱】→【历史痕迹清理】			

真 题 解 析

◇ **题　　目：** 使用金山清理专家，清理下载软件历史痕迹。

◇ **考查意图：** 该题考核如何清理下载软件历史痕迹。

◇ **操作方法：**

1 启动"金山清理专家"，单击 安全百宝箱 ⊗ 按钮，在窗口右侧打开"工具集"界面，如图 8-66 所示。

2 单击"历史痕迹清理"按钮，打开"历史痕迹清理"窗口，如图 8-67 所示。

图 8-66 "工具集"界面

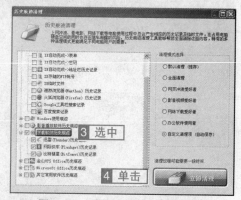

图 8-67 "历史痕迹清理"窗口

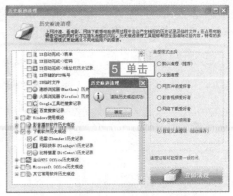

图 8-68　清除历史痕迹成功

3 选中"下载软件历史痕迹"复选框，单击 立即清理 按钮。在弹出的"历史清除成功"对话框中单击 确定 按钮，再单击右上角的 ✖ 按钮关闭该窗口，如图 8-68 所示。

8.5.8　垃圾文件清理

考点级别：★ ★ ★
考试分析：

该考点考核概率较大，操作简单。

操作方式

方式	菜单	鼠标左键	右键菜单	快捷键	其他方式
类别		【安全百宝箱】→【垃圾文件清理】			

真 题 解 析

◇**题　　目**：请利用金山清理专家清除系统垃圾文件。
◇**考查意图**：该题考核如何清除系统垃圾文件。
◇**操作方法**：

1 启动"金山清理专家"，单击 安全百宝箱 按钮，在窗口右侧打开"工具集"界面，如图 8-69 所示。

2 单击"垃圾文件清理"按钮，打开"垃圾文件清理"对话框，如图 8-70 所示。

图 8-69　"工具集"界面

图 8-70　"垃圾文件清理"对话框

3 单击 全选 按钮，再单击 清除文件 按钮，经过一段时间显示"垃圾文件清除"对话框，单击 确定 按钮，如图 8-71 所示。

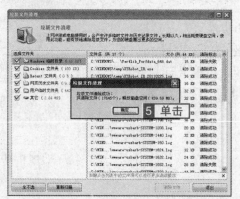

图 8-71 "垃圾文件清除" 对话框

本章考点及其对应操作方式一览表

（注：本章所有考点都是大纲新增考点）

考点	考频	操作方式
手动杀毒及设置	★★★	【工具】→【综合设置】
右键杀毒	★★★	【使用金山毒霸进行扫描】
屏保查杀	★	【工具】→【综合设置】→【屏保查杀】
定时查毒	★★★	【工具】→【综合设置】→【定时杀毒】
在线查毒	★★★	【操作】→【金山毒霸在线杀毒】
文件实时防毒	★★★	【工具】→【综合设置】→【文件实时防毒】
设置高级防御	★★★	【工具】→【综合设置】→【高级防御】
设置邮件监控	★★★	【工具】→【综合设置】→【邮件监控】
反垃圾邮件的相关设置	★★	【工具】→【综合设置】→【邮件监控】
设置网页防挂马	★★★	【工具】→【综合设置】→【网页防挂马】
设置嵌入式防毒	★	【工具】→【综合设置】→【嵌入式防毒】
设置隐私保护	★	【工具】→【综合设置】→【隐私保护】
主动漏洞修补	★★★	【工具】→【综合设置】→【主动漏洞修补】
设置病毒精灵	★	【工具】→【综合设置】→【其他设置】
日志查看器	★	【工具】→【日志查看器】
创建应急 U 盘	★★	【工具】→【创建应急 U 盘】
病毒隔离系统	★★	【工具】→【病毒隔离系统】
快速升级	★★★	【工具】→【在线升级】
升级设置	★★★	【工具】→【综合设置】→【升级设置】
健康指数打分	★★★	【开始】→【所有程序】→【金山毒霸 2008 杀毒套装】→【金山清理专家】
查杀恶意软件	★★	【恶意软件查杀】
漏洞修补	★★★	【漏洞修补】
在线系统诊断	★	【在线系统诊断】
文件粉碎器	★★★	【安全百宝箱】→【文件粉碎器】
U 盘病毒免疫工具	★★	【安全百宝箱】→【U 盘病毒免疫工具】
历史痕迹清理	★★★	【安全百宝箱】→【历史痕迹清理】
垃圾文件清理	★★★	【安全百宝箱】→【垃圾文件清理】

通 关 真 题

CD 注：以下测试题可以通过光盘【实战教程】→【通关真题】进行测试。

第 1 题 在金山毒霸 2008 中，启用病毒隔离系统，并将本地磁盘 C 盘根目录下的文件 WINWORD.exe 文件添加到病毒隔离系统。

第 2 题 设置金山毒霸 2008 的文件实时防毒功能，使其在发现病毒时启用查杀技术。

第 3 题 在金山毒霸 2008 中进行适当设置，使得手动杀毒时扫描内存、注册表和磁盘引导扇区。

第 4 题 在金山毒霸上进行设置，使 Outlook Express 工具栏上不显示金山反垃圾邮件工具条。

第 5 题 关闭金山毒霸 2008 的自动升级功能。

第 6 题 在金山毒霸中进行适当设置，将安全邮件发件人的邮箱"mm@cest.com"更改为"nn@microsoft.com"。

第 7 题 请将"使用金山毒霸进行扫描"项添加到右键快捷菜单中。

第 8 题 启动金山毒霸病毒隔离系统，使用"大图标"方式查看。

第 9 题 使用金山毒霸查杀计算机上的病毒木马。

第 10 题 在金山毒霸中启用精细查毒模式。

第 11 题 每页显示的日志过多会影响日志显示速度，请设置每页显示的日志条数为 100。

第 12 题 对金山毒霸进行设置，设置在清除病毒前将文件备份到隔离区，整理压缩包内的病毒，启用精细查毒模式。

第 13 题 设置金山毒霸 2008 在检测到有新漏洞信息发布时主动进行漏洞扫描并尝试自动恢复。

第 14 题 在金山毒霸邮件监控的反垃圾邮件设置中，从地址簿导入安全发件人。

第 15 题 请在金山毒霸 2008 中启动邮件监控和网页防挂马防御功能。

第 16 题 开启金山毒霸 2008 的 ICQ 聊天防毒。

第 17 题 用"金山毒霸日志查看器"搜索手动杀毒日志，搜索文本为"查杀病毒"，时间为"2010 年 7 月 16 日"至"2010 年 7 月 21 日"，然后导出搜索到的日志文件为"手动查毒日志"，其余选项默认。

第 18 题 将金山毒霸 2008 设置为发现高威胁恶意行为时主动通知用户。

第 19 题 为金山毒霸 2008 设置密码保护隐私数据和选项设置，密码为"123456"。

第 20 题 使用金山清理专家，将界面上名为"金山毒霸两次通过 VDICO 认证.doc"的文件，添加到"文件粉碎器"中。

第 21 题 通过金山清理专家的安全百宝箱，利用 U 盘病毒免疫工具，打开其中的所有免疫项。

第 22 题 通过金山清理专家的漏洞修补功能，取消 HPDESKJE 的共享资源，然后在安全资讯中浏览产品的更新信息。

第 9 章 防火墙的使用

本章考点

掌握的内容★★★
监控状态下的安全级别设置
常规设置
木马防火墙设置
区域级别设置

熟悉的内容★★
查看与更改应用程序规则
规则列表的管理

了解的内容★
查看安全状态
查看当前网络状态
查看打开程序所在目录
结束可疑进程
使用自定义 IP 规则编辑器
端口过滤设置

9.1 防火墙的安全状态

9.1.1 查看安全状态

考点级别：★

考试分析：

> 该考点考核概率较小，操作比较简单。

操作方式

方式	菜单	鼠标左键	右键菜单	快捷键	其他方式
类别	【窗口】→【安全状态】				

真题解析

◇题　　目：通过金山网镖 2008 的菜单栏查看安全状态。

◇考查意图：该题考核如何查看安全状态。

◇操作方法：

启动"金山网镖 2008"，选择【窗口】→【安全状态】菜单命令，就切换到"安全状态"选项卡，如图 9-1 和图 9-2 所示。

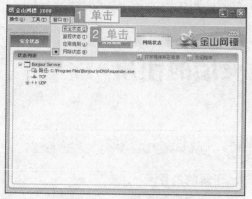

图 9-1　菜单栏命令

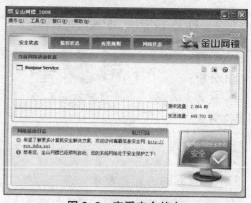

图 9-2　查看安全状态

9.2　防火墙的监控状态

9.2.1　监控状态下的安全级别设置

考点级别： ★★★

考试分析：

　　该考点考核概率较大，命题简单，容易通过。

操作方式

方式	菜单	鼠标左键	右键菜单	快捷键	其他方式
类别	【窗口】→【安全状态】	·			

真　题　解　析

◇题　　目：将金山网镖的互联网监控级别设置为"高级"，局域网监控级别设置为"低级"。

◇**考查意图：** 该题考核监控级别设置。

◇**操作方法：**

　　启动"金山网镖2008"，单击"监控状态"选项卡，在"互联网监控"栏中拖动滑块到"高"安全级别，在"局域网监控"栏中拖动滑块到"低"安全级别，如图9-3所示。

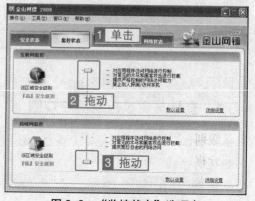

图 9-3　"监控状态"选项卡

9.2.2 使用自定义 IP 规则编辑器

考点级别：★

考试分析：

该考点考核概率较大，命题简单，容易通过。

操作方式

方式	菜单	鼠标左键	右键菜单	快捷键	其他方式
类别	【窗口】→【安全状态】				

真 题 解 析

◇题　　目：请在金山网镖中打开"自定义 IP 规则编辑器"。

◇考查意图：该题考核如何打开"自定义 IP 规则编辑器"。

◇操作方法：

　　启动"金山网镖 2008"，单击"监控状态"选项卡，单击"详细设置"超链接，将打开"自定义 IP 规则编辑器"，如图 9-4 和图 9-5 所示。

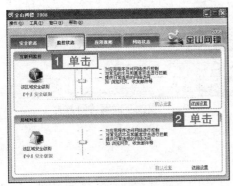

图 9-4 "监控状态"选项卡

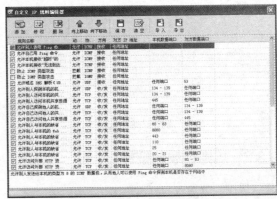

图 9-5 自定义 IP 规则编辑器

9.3 应用规则

9.3.1 查看与更改应用程序规则

考点级别：★★

考试分析：

该考点考核概率较小，操作比较简单。

操作方式

方式	菜单	鼠标左键	右键菜单	快捷键	其他方式
类别	【窗口】→【应用规则】				

真 题 解 析

◇题　　目：使用金山网镖设置"QQ 2009"的互联网规则，将"允许"改为"询问"。

◇考查意图：该题考核如何更改应用程序的互联网规则。

◇操作方法：

　　启动"金山网镖 2008"，单击"应用规则"选项卡，单击"QQ 2009"行上与"互联网"相交的"允许"超链接，在弹出的菜单中选择"询问"菜单命令，如图 9-6 和图 9-7 所示。

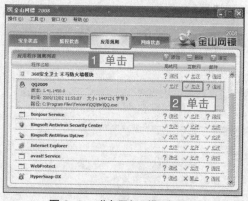

图 9-6　"应用规则"选项卡

图 9-7　更改互联网访问方式

9.3.2　规则列表的管理

考点级别：★★

考试分析：

　　该考点考核概率较大，操作也比较复杂。

操作方式

方式	菜单	鼠标左键	右键菜单	快捷键	其他方式
类别	【窗口】→【应用规则】				

真 题 解 析

◇题　　目：将腾讯 QQ（在 C:\Program Files\Tencent\QQ\Bin\QQ.exe）添加到金山网镖的应用程序规则列表中，要求该应用程序的互联网规则为"允许"，其他保持默认。

◇考查意图：该题考核如何添加应用程序规则。

◇操作方法：

　　1 启动"金山网镖 2008"，单击"应用规则"选项卡，单击 ➕添加 按钮，打开"添加应用程序权限"对话框，如图 9-8 所示。

2 依次打开路径 C:\Program Files\Tencent\QQ\Bin\，选择"QQ.exe"可执行文件，单击 打开⑩ 按钮，如图 9-9 所示。

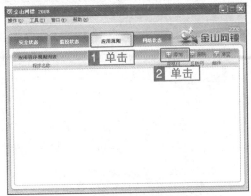
图 9-8 "应用规则"选项卡

图 9-9 添加应用程序权限"对话框

3 单击"QQ 2009"行上与"互联网"相交的"询问"超链接，在弹出的菜单中选择"允许"菜单命令，如图 9-10 所示。

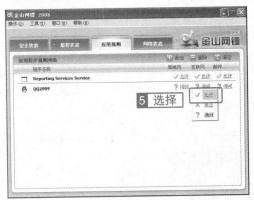
图 9-10 更改互联网访问方式

9.4 网络状态

9.4.1 查看当前网络状态

考点级别： ★

考试分析：

该考点考核概率较小，操作比较简单。

操作方式

方式	菜单	鼠标左键	右键菜单	快捷键	其他方式
类别	【窗口】→【网络状态】				

真 题 解 析

◇题　　目：使用鼠标单击方式查看当前网络状态。

◇考查意图：该题考核查看网络状态。

◇操作方法：

　　　　启动"金山网镖 2008"，用鼠标单击"网络状态"选项卡，切换到"网络状态"，如图 9-11 所示。

图 9-11　"网络状态"选项卡

9.4.2　结束可疑进程

考点级别：★

考试分析：

　该考点考核概率较大，操作简单。

操作方式

方式	菜单	鼠标左键	右键菜单	快捷键	其他方式
类别	【窗口】→【网络状态】				

真 题 解 析

◇题　　目：在金山网镖安全状态下，关闭"Internet Explorer"程序。

◇考查意图：该题考核如何结束进程。

◇操作方法：

　　启动"金山网镖 2008"，用鼠标单击"网络状态"选项卡，选中"Internet Explorer"程序，单击 关闭程序 按钮。在弹出的"确认"对话框中单击 确定 按钮，如图 9-12 和图 9-13 所示。

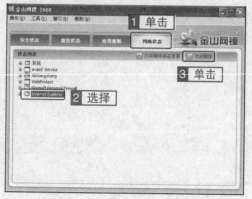

图 9-12　"网络状态"选项卡

图 9-13　"确认结束"对话框

9.4.3　查看打开程序所在目录

考点级别：★

考试分析：

　　该考点考核概率较大，操作简单。

操作方式

方式	菜单	鼠标左键	右键菜单	快捷键	其他方式
类别	【窗口】→【网络状态】				

真 题 解 析

◇**题　　目：**金山网镖网络状态下，查看"Kingsoft Personal Firewall"所在的目录信息。

◇**考查意图：**该题考核如何打开程序所在目录。

◇**操作方法：**

　　启动"金山网镖 2008"，用鼠标单击"网络状态"选项卡，选中"Kingsoft Personal Firewall"程序，单击 打开程序所在目录 按钮，如图 9–14 和图 9–15 所示。

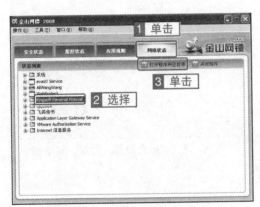

图 9–14　"网络状态"选项卡

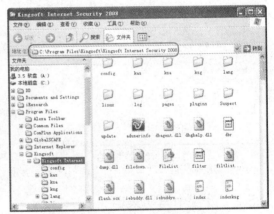

图 9–15　打开的应用程序所在目录

9.5　综合设置

9.5.1　常规设置

考点级别：★★★

考试分析：

　　该考点考核概率较大，命题简单，容易通过。

操作方式

方式	菜单	鼠标左键	右键菜单	快捷键	其他方式
类别	【工具】→【综合设置】				

真 题 解 析

◇题　　目：在金山网镖中进行适当设置，使得开机时不自动运行金山网镖。

◇考查意图：该题考核如何设置开机是否运行金山网镖。

◇操作方法：

1 启动"金山网镖 2008"，选择【工具】→【综合设置】菜单命令，打开"综合设置－常规"对话框，如图 9-16 所示。

2 取消选中"开机自动运行金山网镖（F）（推荐）"复选框，单击 确定 按钮，如图 9-17 所示。

图 9-16　菜单栏命令

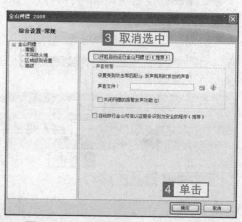

图 9-17　"综合设置－常规"对话框

9.5.2　设置木马防火墙

考点级别：★★★

考试分析：

> 该考点考核概率较大，命题方式简单且唯一。

操作方式

方式	菜单	鼠标左键	右键菜单	快捷键	其他方式
类别	【工具】→【综合设置】				

真 题 解 析

◇题　　目：关闭金山网镖中的木马防火墙。

◇考查意图：该题考核设置木马防火墙。

◇操作方法：

　　1 启动"金山网镖 2008"，选择【工具】→
【综合设置】菜单命令，打开"综合设置 – 常
规"对话框。

　　2 单击"木马防火墙"节点，选中"关闭
防火墙（不推荐使用）"单选框。单击
确定 按钮，如图 9–18 所示。

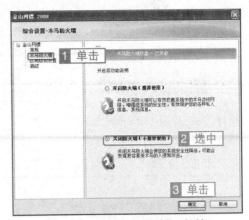

图 9–18　"木马防火墙"对话框

9.5.3　设置区域级别

考点级别：★★★

考试分析：

　　该考点考核概率较大，命题简单，容易通过。

操作方式

方式	菜单	鼠标左键	右键菜单	快捷键	其他方式
类别	【工具】→【综合设置】				

真 题 解 析

◇题　　　目：设置互联网的区域安全级别为"高"安全级别。

◇考查意图：该题考核设置区域级别。

◇操作方法：

　　1 启动"金山网镖 2008"，选择【工具】→
【综合设置】菜单命令，打开"综合设置 – 常
规"对话框。

　　2 单击"区域级别设置"节点，拖动滑块
到"高"安全级别，单击 确定 按钮，如图
9–19 所示。

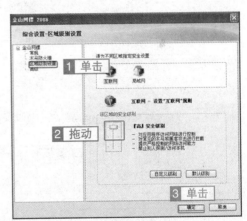

图 9–19　"区域级别设置"对话框

9.5.4　端口过滤设置

考点级别：★
考试分析：

> 该考点考核概率较大，操作也比较复杂。

操作方式

方式	菜单	鼠标左键	右键菜单	快捷键	其他方式
类别	【工具】→【综合设置】				

真 题 解 析

◇**题　　目**：在金山网镖中添加一个端口过滤规则，其中端口号为"1030"，协议为"TCP"，类型为"本地"，操作为"允许"。

◇**考查意图**：该题考核如何设置端口过滤。

◇**操作方法**：

1 启动"金山网镖 2008"，选择【工具】→【综合设置】菜单命令，打开"综合设置–常规"对话框。

2 单击"高级"节点，单击 添加(A) 按钮，打开"端口"对话框，如图 9–20 所示。

3 在"端口"文本框中输入"1030"，在"协议"下拉列表框中选择"TCP"，在"类型"下拉列表框中选择"本地"，在"操作"下拉列表框中选择"允许"，单击 确定(O) 按钮，如图 9–21 所示。

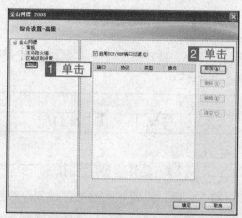

图 9–20　"高级"对话框

4 返回到"综合设置–高级"对话框，单击 确定 按钮，如图 9–22 所示。

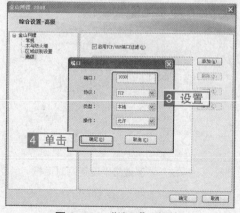

图 9–21　"端口"对话框

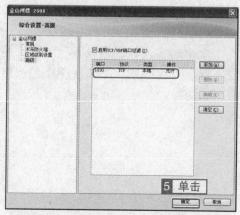

图 9–22　添加端口过滤的"高级"对话框

本章考点及其对应操作方式一览表

(注：本章所有考点都是大纲新增考点)

考点	考频	操作方式
查看安全状态	★	【窗口】→【安全状态】
监控状态下的安全级别设置	★★★	【窗口】→【监控状态】
使用自定义 IP 规则编辑器	★	【窗口】→【监控状态】
查看与更改应用程序规则	★★	【窗口】→【应用规则】
规则列表的管理	★★	【窗口】→【应用规则】
查看当前网络状态	★	【窗口】→【网络状态】
结束可疑进程	★	【窗口】→【网络状态】
查看打开程序所在目录	★	【窗口】→【网络状态】
常规设置	★★★	【工具】→【综合设置】
设置木马防火墙	★★★	【工具】→【综合设置】
设置区域级别	★★★	【工具】→【综合设置】
端口过滤设置	★	【工具】→【综合设置】

通 关 真 题

CD　注：以下测试题可以通过光盘【实战教程】→【通关真题】进行测试。

第 1 题　在金山网镖中禁用 TCP/UDP 端口过滤。

第 2 题　在金山网镖 2008 中进行适当设置，使受到攻击时发出报警和 IP 发声规则匹配时发声报警。

第 3 题　在金山网镖中，修改端口的过滤规则。要求将协议更改为 TCP 协议，其他设置不变。

第 4 题　在金山网镖中，修改端口的过滤规则。要求将端口 1500 的协议更改为 TCP 协议，其他设置不变。

第 5 题　使用金山网镖，导出当前所有的实时防毒的当前日志，将其保存到"我的文档"文件夹中，文件名为 fd.txt。